GLOBAL UNDERGROUNDS
EXPLORING CITIES WITHIN

地底的世界
探索隐秘的城市

[英]保罗·多布拉什切齐克

[英]卡洛斯·洛佩兹·高尔维兹

[英]布拉德利·L·加勒特 著

罗苾　谢菲 译

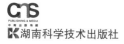

湖南科学技术出版社

图书在版编目（CIP）数据

地底的世界：探索隐秘的城市 /（英）保罗·多布拉什切齐克，（英）卡洛斯·洛佩兹·高尔维兹，（英）布拉德利·L·加勒特著；罗莐，谢菲译. – 长沙：湖南科学技术出版社，2018.9

ISBN 978-7-5357-9836-7

Ⅰ. ①地… Ⅱ. ①保… ②卡… ③布… ④罗… ⑤谢…Ⅲ. ①城市空间－地下建筑物－建筑设计 Ⅳ.①TU92

中国版本图书馆 CIP 数据核字(2018)第 139386 号

Global Undergrounds: Exploring Cities Within edited by Paul Dobraszczyk, Carlos López Galviz and Bradley L. Garrett was first published by Reaktion Books, London, UK, 2016.

DIDI DE SHIJIE TANSUO YINMI DE CHENGSHI

地底的世界 探索隐秘的城市

著　者：[英]保罗·多布拉什切齐克　[英]卡洛斯·洛佩兹·高尔维兹　[英]布拉德利·L·加勒特
译　者：罗　莐　谢　菲
责任编辑：缪峥嵘
出版发行：湖南科学技术出版社
社　　址：长沙市湘雅路 276 号
网　　址：http://www.hnstp.com
印　　刷：湖南天闻新华印务有限公司
　　　　　（印装质量问题请直接与本厂联系）
厂　　址：湖南望城·湖南出版科技园
邮　　编：410219
版　　次：2018 年 9 月第 1 版
印　　次：2018 年 9 月第 1 次印刷
开　　本：710mm×1020mm　1/16
印　　张：17
字　　数：272 000
书　　号：ISBN 978-7-5357-9836-7
定　　价：68.00 元
（版权所有·翻印必究）

序言：世界的地底

杰欧夫·马诺（Geoff Manaugh）

我们周遭无处不在的种种迹象，都证明了另一个世界的存在：一列排水沟横穿过当地公园的斜草坡，布鲁克林联排房屋的窗户被遮挡得严严实实，都暗示着这栋建筑看起来并不简单；空旷草地上从地洞中吹出的风声，则意味着下面存在有一个巨大的空间。我们生活在相互穿透的空间系统之间，而这些交织的拓扑结构不会即刻现身，反而，它们潜伏在阴影中、街道下或斜坡底。这就是多元的地底世界，它们巧妙地隐藏起来，因而被人们发现时也令人欣喜。

2013年秋天，我前往中央公园地下大约60米（200英尺）深处，那里正在举行一场新闻发布会，宣布著名的纽约3号输水隧道的第一道阀门正式开启。整个过程有种老式狂欢派对的氛围，我们并没有得到确切的地址，而是被告知在曼哈顿某个特定的角落，留意一辆白色的厢型车。上车后，我们还被告知不能把这次行程的信息散布给其他人。不过只有几分钟，我们就到达了山腰上的一扇门前。如果你曾开车穿过中央公园，很可能经过了这扇门。我们跳下车，有个警卫出来开门，门里藏着类似詹姆斯·卡梅伦（James Cameron）电影中的舞台设施，有电梯、楼梯和管道等。这里就是通往地底阀门室（纽约市区饮用淡水供应的控制室）的入口。一想到这道简易门背后的空间轻易就可能被"攻占"，也难怪市政当局想要保密了。

从地表世界下行十六段阶梯后，我们聚集起来，聆听纽约市长迈克尔·布隆伯格（Michael Bloomberg，彭博创始人）阐述城市基础建设的长期价值。阀门室洞穴般的圆拱形背景在他身后隐约可见，如同大教堂，又好似水文学的超级体育馆，悄无声息地埋藏在市中心的地下。而我仿佛被诱入一场膜拜水的祭礼，又恍若进入新的"水瓶纪元"，而这场自然力的仪式，正在曼哈顿街道下的庞大机器中举行。

地底本身能够提供好的神话题材。深入地表之下，能够激起强烈的叙事性共鸣，如同日常生活突然与远古世界的英雄式洞穴探险产生谐音。俄耳甫斯为拯救爱妻尤莉迪丝深入黑暗；当然，但丁文艺复兴时期的地狱之旅，也仍然是地底探险中老生常谈的话题；还有赫拉克勒斯赴地狱捕捉怪兽三头犬刻耳柏洛斯；迷宫征服者忒修斯下地狱俘获女人等。如果你相信《亚他拿修信经》（Athanasian Creed，基督教三大信经之一），甚至耶稣基督也经历过巨大洞穴的冒险，他在悲惨的"试炼"行动中潜入地狱，解救一队被误囚在那儿的圣徒，这简直就是一场终极大越狱。

当然，就算我们的城市没有地底世界，人们也需要凭空编造。就连地下空间如此丰富的纽约城，都市传说也来自于我们脚下各式的房间和廊道中。比如大中央总站有洞穴，曼哈顿西区还有神秘的母牛隧道。这些半真半假的走廊，是纽约食物传说的虚构部分，有可能牛群从前经由此处被运往曼哈顿屠宰。甚至有些模糊的蓝图被放在网上，声称显示了隧道的具体地点，而市政府也宣布：如果这些隧道真的存在，它们将受到历史性保护。这些传说有着更深的含义：哪怕城市没有地底世界，人们也会被迫去想象，只是为了更好地理解地面上发生的事情。隧道与日常基础设施的各个部分一样，事关人们的信仰问题。

另外，地底本身的诗意常常十分诱人，人们很容易就被它所有的浪漫动摇，从而很难意识到它的政治性。事实上，地底世界与弱小、受压迫、被封杀和抵抗的势力密不可分。正是在这样的空间里，劳作在进行，城市在建设，货物在加工，仆从在辛苦工作，而污染也在累积。

墨西哥城就是个很好的例子，它的地底空间有着巨大的考古学价值，但城市本身却完全失衡。由于地下水枯竭，导致城市的地基正在下沉，破坏了污水管道系统的角度。这些管道和水池中的水因而倒流，无法如原先设计的利用自重力排水。对此市政府设计了一个奇特的解决方案：利用下水道潜水员。工作人员穿着深海潜水用的全护体水肺装备，摸黑潜入污水之中，接着，上面留意观察的技术人员就会通过耳机指示他们的位置。穿过人类废弃物的旋涡和街道垃圾的地下浪潮，潜水员曾发现过尸体、树木，甚至半截大众汽车。这项工作确实能让城市维持运转或流动（视情况而定），但显然无人察觉。城市的底部碎石遍布，废弃物、排泄物和无用的材料也聚集在此。将所有这些分类整理，使得被忽视的都市劳工背后的政治意义，以表层或潜在的形式，结合了奇特的弗洛伊德式诠释——"压抑回归"（the return of the repressed）。

　　在其他的时空之中，地底潜藏的迹象几乎难以辨识，但地底的世界依然存在。英国的城市诺丁汉就是个极好的例子。诺丁汉就坐落在穴居者的幻想地之上，那里有从当地砂岩中凿出的私人洞穴组成的迷宫阵。酒吧后面的楼梯、房屋下方的老地窖、购物中心和停车场的底端，都与这个隐秘的世界相连。这里有将近五百个洞穴，绝大多数没有在地面露出迹象，也没有特定的方法或理由可以推断它们的存在。然而，到处都有奇怪标记，指明了这个地下空间集合的蛛丝马迹，有时候还与标识的字面意思一样。比如，某个购物中心的地下室，就在指示商店和厕所的标识间有个箭头指明通往"洞穴"，令人感到有些滑稽。又比如，沿着诺丁汉的一些居住区街道，有些上了锁的安全铁门却与两侧的建筑物没有明显的联系。任何人想要猜测这些门的用途，都很难想象到穿过幽暗地底凿就的、老井道和密室组成的精密网络，这些门实际上通往一个盘踞在城市下方的老砂矿坑。

　　我曾有幸与一位诺丁汉考古学家一起，参加了这些洞穴的马拉松之旅。首先，这位专家名叫大卫·斯特兰奇·沃克（Strange-Walker，奇行者之意）。斯特兰奇·沃克和他的团队——"诺丁汉洞穴考察团"（Nottingham Caves Survey），决心竭尽所能地保护那些被忽视的地下空间，当前主要采用三维激光扫描洞穴的复杂内部。这项工作引发了一个关键点：这些人工的砂石洞穴大部分不被诺丁汉城外的人所知，甚至连诺丁汉市内的居民都视而不见，因此它们常常被目前的拥有者所滥用。斯特兰奇·沃克指出，很多商家和房主知道他们的房基下有个洞穴之后，不过将它们作为私人的垃圾掩埋场，倾倒自家的垃圾。然而，这些洞穴都是历史文物或历史空间，它们的保护价值不亚于大英博物馆内任何一件雕像。

　　换言之，我们的历史博物馆充满了故事性丰富、材料令人叹服的人类文物，但出产这些文物的空间，同样值得保护和研究。有时这类空间本身就是文物，例如诺丁汉，或卡帕多西亚、巴黎地下墓穴，都代表着来自地底的历史。

　　通往地底的其他入口都被小心地隐藏着，或者说故意伪装或掩饰起来。例如，在布鲁克林我自己的公寓附近，有一栋经典的纽约赤褐色砂石建筑，不过它看上去有点古怪。它的窗户中一片黑暗，仿佛有吸血鬼出没，两边都没有一丝光线透出或射入，似乎也不曾有居民走到户外。靠近仔细一看，透过前门的一条裂缝，你会看到前厅中有紧急交通管理局的指示牌。换言之，它压根不是一栋住宅，而是纽约地铁系统的紧急疏散楼梯和检修井。这栋建筑的基部一路延伸到附近东河（East River）之下的 4 线隧道和 5 线隧道。这不仅暗示着，邻居的房子根本不像看上去那般，而且暗示了纽约市联排住宅有个终极的地下室：深邃的楼梯井实质上就是通往地铁的私人入口。

当然，通往地底世界的入口不胜枚举，而发现它们的时刻既鼓舞人心又令人惊奇。想想在土耳其卡帕多西亚的代林库尤（Derinkuyu），有个男人只是在清理地下室的房间时，不小心在墙上敲了一个洞，就揭开了藏在墙的另一侧、世界上最大的地底城市之一。又比如，在 20 世纪初期，痴迷于挖掘的鳞翅目昆虫学家哈里森·戴亚（Harrison G. Dyar）开凿了华盛顿特区的杜邦圆环隧道。而仅仅由于有部卡车从街道掉落坑中，这些隧道就此被发现。因为这些隧道距离白宫只有几个街区，当初还被认为与政治阴谋有关。又或者，翻阅一下盗窃或银行犯罪的历史记录，就会发现 20 世纪 80 年代洛杉矶的"地洞帮"，或尼斯的阿尔伯特·斯帕贾利（Albert Spaggiari）团伙，如鼹鼠般从保险金库下面窜出来，他们既揭示出这些城市下水道系统的神秘知识，也说明即使时至今日，现代大都市的犯罪中心仍然集中在活跃的地底世界。

地底也为那些无法仅在地表进行的事物提供了备选之地。比如深层物理实验中，中微子探测器在美—加边界明尼苏达州的老铁矿中一块块组装起来。或者欧洲核子研究中心（CERN）的地下强子对撞环，都表明我们在地面上做不到的事，只能在地下打造。这对生存主义者头脑中的幻想来说，也是黑暗的事实，他们坚信发生剧烈的天灾时，人类需要先埋藏自己，才有希望见到未来。"末日生存者"（preppers）等组织似乎希望在社会瓦解后潜藏于地底，根据他们的说法，当地面灰飞烟灭时，我们所剩的一切仅存于地底。

从神话到诗意，再到政治，我们脚下发生的事物正是世界隐秘的绳结，并能被我们这般研究、解读。在这里，地面的形式通过伪装的根基编织起来，建筑物通向洞穴，洞穴又通往矿坑，矿坑再与堡垒相连，这种梦幻般的顺序极难厘清。而消解这些坚实的基础使其多变，正是本书的目标和特点。它为读者揭示出一个由地下墓穴和隐秘场所组成的、千疮百孔的世界。这个地底世界既被忽视、被浪漫化、被滥用，却又生机勃勃，它被各种意义所装点，并充斥着意料之外的激烈活动。现在，是时候潜入地底了。

导言：探索城市

保罗·多布拉什切齐克　卡洛斯·洛佩兹·高尔维兹　布拉德利·L·加勒特

　　城市正在下沉。这里所指的不是上升的海平面，而是指人类得寸进尺的挖掘欲望。隧道的经脉现已蔓延、穿越全球各大主要城市腹地，地底空间被用于运输、公共设施、通信、避难所和仓储[1]。以前所未有的深度和速度挖掘这些空间，在不知不觉中改变着我们的生活方式。本书广泛集合了八十个地底空间的故事，它们横跨各大洲，穿越数千年，是迄今为止涵盖最广的地底故事总集。

　　本书不可能包罗万象，而我们在撰写时带着三个明确的目标。其一，我们希望继续全球地底历史的解密工作，以承继文化史学家罗莎琳德·威廉姆斯（Rosalind Williams）的精神。威廉姆斯著有开创性的《地底笔记》（1990）一书，书中阐明了随着时间的变迁，人类与地底空间的关系已变得亲密而多元。我们希望对抗简单地将地底视为功能性基础设施的想法：认为它们只是另类人在其他时段建造，并难以进入[2]。其二，我们想挑战，只有高密度城区才是地底空间保护区的想法，我们整理了一些地底空间的记录，它们乍看起来像在郊区、农村甚至荒郊野外，但激发的关联性想象，能让人们在这个机动性和网络空前的时代，对都市有更丰富的了解。其三，我们力图从时空方面，唤起人们对地底世界的想象，它们可能是概念性、半地下或尚未实现的地底，以此说明地底世界的涌现是不断持续的过程。通过这三个目标，我们希望能够拓宽人们的思维，思考居住在这个世界，实体物质在脚下不断流动，而事物层层堆叠，人和物质循环、梦想与栖居，这一切意味着什么？换句话说，我们想说明人类与地底世界息息相关。

　　世界的地底集合了希望、恐惧、劳作、记忆和抵抗，它们不但与地表的日常生活相关，而且不可避免地从根本上与之纠缠在一起。尽管对一些人来说，地下空间只是很新异、古怪，是不祥之地或禁入之所，但书中汇集的案例表明，地底是我们生存于这个世界的中心，而当城市下沉、延伸，以容纳不断混合的人口和物质时，它们还会变得更为重要。书中收集的地底空间，代表了跨越时空的广度和多样性，并包含了在它们形成过程中的漫长历史与未来。

并不是只有我们专注于地底世界的研究。在或可被称为"垂直转变"的探讨中，一些思想家开始不断关注地底的政治议题。正如城市学者史蒂芬·格拉汉姆（Stephen Graham）和露西·休伊特（Lucy Hewitt）所说，"在英语世界中，扁平化的论述和想象还在主宰着重要的都市研究"。但这类思想需要接受挑战 [3]。格拉汉姆和休伊特建议，将地理学的想象转向地下基础设施和超高层建筑物，并以此为手段对抗"水平主义"。"水平主义"的世界观认为都市问题与城市的水平扩张有关，而常常忽视我们头顶上和脚底下蔓延的多层世界 [4]。建筑师埃亚尔·威兹曼 (Eyal Weizman) 在《中空之地》（2007）中撰写的文章，成为"垂直转变"思想的推动力，书中他以约旦河西岸地区为例，描述世界各地渐增的"非对称战争"。对威兹曼而言，领空和地底已成为全世界抢夺最激烈的空间 [5]。自《中空之地》出版以来，一批新文学不断涌现，探讨垂直的地缘政治学 [6]。然而，很多这类作品还是把地底空间视为超出我们认知的空间，继续将它们描述成概念的、禁忌式的空间，甚至描绘成具有异国情调的"境外之地"。地理学家加文·布里奇（Gavin Bridge）则为地底空间的研究开拓了更具有政治意义的可能性：

> 深入地底的通风井、隧道、矿井和其他洞穴，作为管道将已有平面(地表)与下方截然不同的空间连接起来。既然是管道，它们的功能就是连接，即通过让两种空间产生关联，使得事物可以在其中运动 [7]。

布里奇的管道和连接概念，对我们的研究至少有三方面的作用。首先，我们将本书中收集的地底世界看作相互缠绕的空间。在拓展对垂直空间想象力的同时，我们并不希望使之与横向空间对立，因为沿两个方向交织发展的文化，相互缠绕、密不可分。其次，管道也连接了场所和意义。地底世界是强大的故事载体，涉及内容从劳工的个人轶事、潜入避难所躲避，到结构性更强的议题，比如从地面到地下，始终存在跨越阶级、性别、财富的不平等。第三，地底世界具体体现了流通性，而这是当今全球网络中联结城市的最重要功能之一。我们并非把地底想象成孤立的基础设施，认为它只是城市规划师、隧道和水利工程师，或劳工的领地（这种对城市的片段式理解，把人、商品、资本、信息和废物循环，从街道和日常生活的混乱节奏中割裂开来），而是想强调在地底聚集的空间和政治之间的联系[8]。

我们尽可能地以经验为基础来整理这些故事，也建议读者在阅读本书时，发挥自己的想象力，将地底从编年史的角度，设想为空间和事件的集合之地，同时也把它想象成地表与地下、事件与物质之间的联结之处。物质，正如你将读到的，包括臭气、残骸、考古学发现、火车车厢、种子与核废料等。事件，则包括躲避战争、宗教和政治迫害，日常旅行，途经观光或更另类、迷人路线的禁区探险，以及恢复或揭示隐秘的自然。这种方法，让我们远离场所、表面和线性的观念，而更接近于球体星系概念［依据哲学家彼得·斯洛德戴克（Peter Sloterdijk）的建议］，将都市空间设想为通过"共享居所"来扩展的封闭球体[9]。还没有其他理论，更能抓住涵盖于地表之下、庞大而多样的联系与活动。而这些理论的核心则是地底空间的人文维度，每一则记述都在探讨这一点。无论这些空间是为了躲避战争和破坏而建造，还是为了批判快速发展的时代而规划，它们都在述说着亲密、围合、共享与居住。同时，这些空间具有功能和意义，也有其形成与变化过程。地底的产物与产生

奥德维奇的大伦敦市议会（GLC）地下管道中的电缆，位于伦敦河岸街（the Strand）地下

过程通过微妙的方式，于地表之下融合在一起。

在对地底世界的进一步认知中，极为重要的内容是反映出我们在何处能够寻求地底空间的论述和实践，以及在过去它们是如何转变的。这种观点，让我们优先考虑那些有权力规划、改造和操控都市空间的人，包括建筑师、工程师、皇帝、国王、教皇、贵族、富商、艺术家和政治家，他们通常掌握了开挖的资源。当然，我们决不应忽视这些挖掘活动的重要历史背景，因为借此我们还能重新发现其他一些故事，包括劳工的证词、信仰、神话、破坏性的隧道挖掘和地底居住。历史悠久的城市，例如罗马、西安、伦敦、墨西哥、那不勒斯和巴黎，它们向下发掘与向上拓展的历程同样丰富，不仅借由连续堆积的物质遗迹体现，还有层层堆叠的地基。回想起哈里·格拉尼克（Harry Granick）的《纽约地底》（1991）一书，封面上有一只巨手从天而降，抓住三座摩天大楼并连根拔起，揭开了地下盘根错节的电线、管线、管道和地基。这提醒了我们，今天人们往往从空中感知这些垂直的城市，而这些城市并没有停息在街道层面。当然，它们也从未曾停息过。

本书分为十三个主题，分别为：起源、劳工、居所、废物、记忆、鬼魂、恐惧、安防、反抗、表现、曝光、边缘和未来。大多数章节都激发我们去思考本书并未涵盖的主题，并找出我们意料之外的交叉点。这些启发的核心之处在于，在城市、郊区和各种荒地，在自然与人文之间相互渗透的交叉之地，对所谓的"都市"概念提出质疑。

举例而言，挪威北极圈深处有座为了存放末日的供给品而建造的山谷，它如何才能被几千千米外的都市居民所认出？我们可以想象一下在黯淡的未来，人们如朝圣般来到这个地区，收集灭绝的植物种子，再带回实验室和农场。同样，我们也很想知道，作为美国西部肖松尼族（Shoshone）和西部派尤特族（Paiute）在史前时代的聚居场所，内华达州尤卡山中的核废料储藏设施能否如其建造者所愿，成为真正的"消失之地"？我们还面临挑战，去深入思考因都市的存在而创造出真正的"荒野"之地的方式，由于人类的有毒遗存，它们只能一直荒芜下去。此外，如何在亚利桑那州沙漠的山中，将一位艺术家的工程概念化，以打造独特的宇宙体验？他设想哪些人会来？又期望访客体验到什么？在日内瓦附近的瑞士和法国边境地下埋藏有强子对撞机，现在这里是否如同大学校园般都市化？而将对撞机建在4世纪高卢—罗马都市废墟的遗址处，是否有着重要的意义？诸如此类的问题引发了我们的思考。

最初，我们只想探寻城市和郊区之间更易于辨识的关联。但随着蕴含其中的内容越来越多，我们发现自身的想象力被激发，而这正是我们的最大期望。因此，本书囊括了都市和郊区在社会、文化、政治和环境层面的广泛内容，涉及范围从物理特征到意义、表现与想象。整体而言，本书内容构成了一份调研，让我们更加具体地认识到：我们确实存在于地球之内，而非地表之上 [10]。正是"内部人士"的这种认识，解释了"存在于世"的现象学意义，这无疑增强了地底意义的各个层面。对地球上更多人来说，通过垂直向下延伸，这个世界正变得越来越都市化，而地底世界也被视为独一无二的探寻之地，为揭示"存在于世"的真实意义提供了有力的洞察。

鉴于各个层面的意义有所重叠，将本书的内容分为十三个主题或许并不严谨。尽管如此，例如，把罗马、卡帕多基亚、西安、墨西哥城、马斯特里赫特和伊斯坦布尔都放在"起源"中，还是合乎情理的，而它们与其他章节的关系也不容忽视。又比如，西安兵马俑产生于相对较早的历史时期，但也论及了劳工、居所和鬼魂等主题。与之类似，南极洲东部冰层下真实或想象的建筑则揭示出核设施建设无法承受冰层的物质性，而由于这些冰层变得越来越脆弱，格陵兰和南极洲成了"环境的前线"，代表着人类都市的未来 [11]。区分这些主题，也是为了将地铁和下水道等平淡无奇的地下空间区别对待。例如，讲述费城宽街地铁的故事，揭示了建造地铁的非洲裔美国劳工和他们被抹杀的历史（不管是否被有意抹去）；其后的布拉格地铁，则向我们述说了记忆和反抗的故事。书中还记载了墨尔本和拉斯维加斯等城市的下水道和排水沟，它们既是避难所又是居住地，无论境况好坏，都成了庇护和重振旗鼓的场所。而居住在波哥大排水沟的居民，显然更令人不安，为了躲避地面上残暴的警察和巡逻的敢死队，他们躲藏在下水道中。这也提醒了我们，哥伦比亚企图通过增加安防，来打造"商业和创意"的国际中心，其结果是失败的 [12]。地底世界一如既往地揭示了政治辞令和现实之间的背离，各个层面的意义集结了多重力量：积极的、消极的，以及介于两者之间的任何力量。

因此，本书各章节强调的一系列关联性丰富多样，唤起了人们深深根植于时间长河中的、对于垂直空间的想象。地底空间中到处都是未被历史记载的无名劳工的遗体，以及自愿或被迫在此生活的人们。这些章节也详述了我们埋葬的废弃物，从日常垃圾到核废料都有，而它们从不会消失。此外，本书还详述了明显非线性的层层记忆，它们表现为不可预测的幽灵（尤其是在空间再发现的过程中），以及对于战争、死亡和恐怖袭击的恐惧。本书章节还向我们谈及，在这样一个以地面监控为特征的时代，安全防卫看起来很遥远，却又与日常生活息息相关，地下空间成了蓄水池、交通管道以及抵抗空袭和无人机战争的防卫场所。接下来是"反抗"这一主题，讲述了社会动乱发生的场所，也包括自然的故事。例如，喘息至今的河流颠覆了它们在历史时刻的用途。书中还论及了"表现"这一主题，它们或许更为概念化，而并不那么中肯，尤其是当地底世界通过电影、报纸照片和其他媒体来呈现时。此外，媒体的曝光使我们能够重新体验挖掘的实景过程，并深入思考在人和空间的重建关系中，新技术所扮演的角色。在本书中，我们还发现了划分俄罗斯、开罗、纽约、布拉迪斯拉发和开普敦地底空间的边界。书中最后论及了未来，它不仅指明了历史的方向，还展望了关于时间、环保和科学探索的新奇猜想，以认知宇宙的起源。

我们无从看见或预知全球地下空间调研涉及的全部丰富内容，还有许多是本书无法囊括的。例如，非人工的地下空间（因自然力而非人力形成的空间），就不在本书论述的范围内[13]。同样，本书也不包括一些城市和地点，那些地方我们得到的相关信息很少，或是没有作者亲身经历过[14]。迄今为止，本书或许是最为广泛全面的全球地下故事总集，但我们也绝不能声称，这些主题代表了都市地底的全部内容。相反，我们坚信，地底还蕴含着更多的意义，远远超过本书所能收纳的范围。在本书流传于世之时，我们希望它少一些纪实，多一些激励，并期待当前逐渐被人们所正视的垂直概念，进一步扩大到社会科学和人文领域。

本书还有最后一点值得一提。书中许多章节暗示了通过洞穴确实能下到隧道、地窖和碉堡中，而这些地底世界并不像路易斯·卡罗尔（Lewis Carroll）笔下的迷幻兔子洞般不切实际。尽管如此，这些内容却和《爱丽丝梦游仙境》有着异曲同工之妙：阅读本书时，就像爱丽丝一样，你会不断遇到新的人物，在发现和探索的同时，妙不可言地迷失其中。路维·郝尔拜（Ludvig Holberg）在1741年首次出版了《尼尔斯·克里姆的地底之旅》，这比卡罗尔前往地底要早得多。在故事中，尼尔斯去欧洲四处旅行之后，在返回家乡卑尔根时，他发现某座山顶上有一个洞口，当地人称之为佛罗伊恩（Flöien）。沿着这个洞口，他下到了一个未知的地下世界，随后又坠落，来到一个名为"纳萨尔"的星球，他写道：

> 夜之光从苍穹洒落，而这似地球表面颠倒过来的天穹，发出月亮般的光芒。只有想到这一点，我们才能说，在这未知的星球上，夜晚几乎与白昼无异，唯一的区别是晚上没有太阳，这使得夜晚更为清冷[15]。

尼尔斯随后在纳萨尔星球的各个城市旅行，在那里他深入了解了当地居民的风土人情，并了解了他们的宗教、政治、法律和学术，以及其他更偏远的地区和想象中的事物。然而这个世界与他所来自的世界相互颠倒，或者说互为补充。这里有着相似的光线，旅途中见到熟悉的日月；夜晚和白天更为相近。举这个例子只是作为隐喻，而我们期望读者在本书中体会到类似的精神：熟悉的事物带来异常的感受，而深不可测的事物近在咫尺。希望你们就像尼尔斯或爱丽丝一样，准备好探索展现在眼前的地底世界。

记住本书导言开头所设定的意图，我们的目的是指出和展现探索多元性的、卓有成效的方法，在合理汇编的同时，尽可能涉及更多不同的观点，并建立在探索而非解释的基础上。对于某些人来说，这似乎是在逃避责任而自我陶醉于某种含糊其辞。但我们相信"倾听、收集与组合"的定位，相比"井然有序、前后连贯"的编排方式更胜一筹。我们期望本书有足够的弹性，为读者创造出崭新的、意想不到的意义集群。如果你愿意，本书就是都市地底世界的球状集合，想要从什么角度来阅读，则完全取决于你自己。

罗斯贝瑞（Roseberry）的 GLC 地下
管道，位于伦敦伊斯灵顿地下

巴黎地铁兵工厂站，1939 年
9 月 2 日对乘客关闭

CONTENTS 目　录

布赖顿的"南方巨物"

起 源

垂直轴一直是人类重要的空间体验：在掌握"左"和"右"的概念之前，幼儿早就理解了"上"和"下"的意思 [1]。但从什么时候开始，垂直方向开始导致产生人造的地底空间？无论我们在何处寻找城市的发源地，包括印度河流域、安纳托利亚中部或西南亚，那里的城市有四千年到五千年，甚至一万二千年的历史，它们通常具有墓葬场地的特点，死亡仪式将这里的地下空间转变成具有象征性和物质意义的场所 [2]。在有"文明摇篮"之称的美索不达米亚，供奉有贡品的皇家陵墓就是早期的例子 [3]。而中国西安古城附近的皇家墓葬群，或许是最为壮观的，那里挖掘出了由兵马俑组成的军队和一条水银护城河。

尽管新技术促使地下空间以前所未有的方式被开挖，但从 19 世纪时起，挖掘隧道就被大多数人视为具有文化意义，而显然早在此之前，人们就开始打造地底空间 [4]。世界上第一条水底隧道，是由巴比伦塞米拉米斯（Semiramis）女王的工程师，大约于公元前 2160 年在现今的伊拉克所在地建造，这条隧道连接了幼发拉底河两岸的皇宫和朱庇特神庙（Temple of Jupiter）。但这"世界第一"的功绩，通常却被记在马克和伊桑巴德·金德姆·布鲁内尔（Isambard Kingdom Brunel）这对父子头上，他们在 1825 年至 1843 年间（比塞米拉米斯晚了大约四千年）打造了伦敦的泰晤士河隧道 [5]。

我们今天习以为常的都市地底，即由基础设施构成的地底世界，直到罗马帝国时期才推广建设 [6]。罗马人将都市地底空间赋予了全新的意义，换言之，将其视作秩序和理性之地。那些精妙的下水道网络、地下采石场和供暖系统，把技术带入了城市地底，而这些技术又使得已有的、对于地底的死亡和丧葬联想变得复杂化。历史学家还证实，罗马城的地底不仅仅只是具有实用性，连那些下水道网络都是不可侵犯的圣地，是具有仪式性、神秘感和

有魔力的空间 [7]。这一点毫不意外，因为全世界各地尤其在地中海地区，下水道通常萌生于泉水，那里水流从地面汩汩涌出，带来万物滋生。

后世基督教徒不但继承了罗马人成熟的都市地底工程，包括大量的蓄水池和水库，还赋予这些空间独特的宗教意义。一些最早的基督教徒墓葬地，如罗马的地下墓穴，就表明了地底作为从死亡渡往来世的场所，具有再生之力。这些地下墓穴被生者打造成墓室，兼作举行宗教仪式的空间，虔诚的基督教徒们因而有了个地底的据点，作为将来复活的安全避难所。早期的基督教徒墓葬地是为了免遭地面世界的迫害而建的安全之所，后世的追随者亦是如此，他们把家园修建在安纳托利亚平原的整个地下城市中。

由此可见，早期基督教时期向我们传递出两个重要但相互矛盾的地底含义：一方面是安全、保障，另一方面则是危险、死亡。我们如今生活的世界或许大都变得世俗化，但这些古老的含义丝毫没有褪色。而生与死——这两个基本的参照点，依旧属于人类经验中的未知领域，这促使地底空间更为概念化，仿佛这些地方只能被凭空想象。

而在另一个大洲，墨西哥城的大神庙（Templo Mayor）遗迹则激发了不同的法则和意义。对于生与死，我们或许还应重新理解时间的变迁，尤其是西班牙占领后的阶段，包括牺牲、征服、破坏和重建。阿兹特克历石，或称为太阳石（Piedra del Sol），曾是通往天堂的中心连接线，就被埋在墨西哥城的主广场下，这块太阳石后来被挖掘出来，安放在墨西哥大都会教堂（Cátedral Metropolitana de la Asunción de María，美洲最大的罗马天主教大教堂）的正面外墙上。

如今，世界各地物理空间遍布，人类的居所变得如蜂巢一般，这些空间的多重意义相比古代的案例毫不逊色。本章的宗旨是强调人类地底世界的渊远遗存，而这正是一个古老、匪夷所思却往往集聚着意外的空间。

改良沼泽地：罗马的马克西姆下水道

尼克·德·佩斯　茱莉亚·索利斯

当你进入罗马的马克西姆下水道（Cloaca Maxima）时，可能会双目泛泪。这倒不是因为它的悠久历史、建筑之美或历史意义而心生感动，而是由于从污水中散发出的气体如此之毒，轻易就能刺激到裸露的皮肤。正因为如此，罗马地底协会（Roma Sotteranea）的成员常会确保跟随进入下水道的游客，从头到脚都做好防护措施。

其中有个风景特别优美的下水道入口，就位于罗马广场（Roman Forum），而这个古老的市场遗址景色如画，早已成为颇受欢迎的旅游景点。在残垣断壁之间的开口处，有部梯子通往石砌的拱形隧道，巨大的隧道足以容下一列火车。这是罗马原始下水道系统的干道之一，并直接通向排放城市污水的隧道网络。马克西姆下水道是世界上最古老的污水系统之一，虽然如今已经很少使用，但它在罗马的发展中曾起着举足轻重的作用[8]。作为又脏又臭的废物收集系统，下水道可说是臭名昭著，然而，它的最大历史贡献并不仅限于我们能想象到的公共卫生。通过将沼泽地改良并使之都市化，马克西姆下水道彻底改变了城市的格局。最终，这里形成了罗马广场，即罗马帝国的象征性中心。

要想综观处于文明十字路口的沼泽地全貌，我们必须先在脑海中建构原始罗马的记忆图景。一些留存至今的标志性建筑遗迹，如神庙、竞技场和拱廊，那时还尚未存在。接着我们必须移除脑海中这些建筑物几千年来累积的残垣断壁，想象人们在试图治理水患和开垦土地之前，这片洪水泛滥的平原之上深谷和高原跌宕起伏的景象。这里与台伯河（Tiber River）最具优势的渡口相距咫尺，而这条河促使意大利半岛上的拉丁文明和伊特鲁里亚

罗马马克西姆下水道的排水口

（Etruscan）文化混杂融合，最终推动了西方文明的建构。

马克西姆下水道只不过设计为一个排水系统，并提供公共场地，让无数涌入罗马山区的商队有个共同的广场，可以进行贸易、礼拜与管理。有学者认为，不仅有 2 万立方米（70 万立方英尺）的土壤、砂砾和碎石被系统地倾倒和填埋于这片沼泽地，同时还有一条小河被改道，使之流经一片开放的水域 [9]。不过，目前还不清楚，壕沟的墙体是如何阻挡沼泽的不稳定沉积物，同时又让土壤沉积，并压缩紧实到可以铺路，从而使谷底抬升至比台伯河的年均洪水位还高出 9 米（30 英尺）。

自公元前 7 世纪塔尔奎斯（Tarquins）王朝以来，下水道的路线和外观已几经改变。公元前 1 世纪时，奥古斯都大帝（Augustus）在其心腹马库斯·阿格里帕（Marcus Agrippa）主导的市政监管下，开展了具有重大意义的城市建设，许多管道被重建、扩大或封闭，以疏导自尤利乌斯·恺撒大帝开始的诸多建设工程的地表排水，其中也包括疏导奥古斯都广场竣工后的地面排水。

继胡里奥·克劳迪安（Julio-Claudians）王朝的伟大建设工程之后，弗拉维（Flavian）王朝和安敦尼努（Andoninus）王朝的大量市政工程都要求专门改建下水道，以疏导新建的市政空间、行政中心、会堂和寺庙的排水。由于需要排水的道路和屋顶面积实在太大，以致原先的下水道不堪负荷，因此改建规模也相当惊人，小普林尼（Pliny the Younger，罗马帝国的作家、行政官）曾评价，这个巨大的下水道甚至可以乘船穿梭其中 [10]。

到中世纪时期，罗马人口锐减，公共设施年久失修，马克西姆下水道也废弃不用，水道淤塞致使该地区洪水泛滥，与此同时，将高山泉水引入罗马七大山地居住区的拱廊水渠也难逃损毁的厄运。且不论遭到了天灾人祸的挑战，输排水技术已成为帝国时期罗马城市的显著特征，最终在更广阔的文明世界中留下了的印记。

马克西姆下水道有着渊远历史，它为都市洞穴学家打开了一个珍贵的入口，以探寻城市中心长期发展的故事。以前的历史学家并不了解这些流向下水道的分支，但它们却提供了一张基础设施的地图，让人们对一些鲜为人知的城市面貌获得了学术性的认知。这样，马克西姆下水道和其他一些可接近的管道，都可被当作地下水流这一隐秘力量的地理参考。随着时间的流逝，这些地下水流发展了都市的形态，而无需借助于破坏性的挖掘手段。

罗马时代大下水道的地面标志物成了艺术品，却被大多数游客所忽视。例如维纳斯·克罗阿西娜（Venus Cloacina，古罗马掌管下水道和公共卫生的女神）的神龛，它赐予下水道神秘的权力，并标定出下水道最初流经罗马广场的地点。它借用这位爱与美的女神，颂扬和象征了下水道的净化与洗礼。

地底军团之旅：西安

卡洛斯·洛佩兹·高尔维兹

六千多名士兵井然有序地列队而立，等待着天地之门开启，迎向传说中的沙场。这个神话也正是这群士兵被埋在此的最大原因。中国第一位皇帝秦始皇，调动了大约七十万名劳工，模仿地面的皇宫建造了一座墓葬设施。这样的建造技艺出现在二千二百多年以前，令人叹为观止。根据在墓葬设施的空间和队形中所处的位置以及军衔，每一座士兵石像都有着独到的特征。这些士兵就是秦始皇为了死后的生活精心打造的地底军团。

1974 年，当地农民在骊山山麓挖井取水时，发现了兵马俑。这座墓葬群位于中国著名的古都西安东部。这里曾是古丝绸之路的起始点，到 8 世纪甚至更早时，这座城市人口就达到一百万之多[11]。根据公元前 300 年以来的历史学记载，骊山盛产玉石和金矿，这就解释了秦始皇为什么会选择在此处建造这座宏伟的地底设施。自从 1979 年此地对游客开放以来，既非黄金也非碧玉，而是这支地底军队每天吸引了成千上万前来参观。

当你进入陵墓会看到三个墓坑。导游手册指引我们先从三号墓坑开始参观，接着参观二号墓坑，而一号墓坑留在最后，据手册上说，这也是"压轴戏"。这种参观顺序还是很奏效，尽管这个地底空间比起秦始皇的设想还相去甚远。这些深坑就是考古工作的地点，有飞机棚似的构筑物将其覆盖。而只要你耐心观察，并尽可能对周围大量的相机闪光灯视而不见，墓穴较为完整的面貌就可以在脑海中逐渐形成。场内夯土隔墙和梁架屋顶形成了庇护所、走廊和交叉口。其中的马匹和士兵有些已半损毁，有些跌落在尴尬的位置，有些尚未从累积了数个世纪的尘土中完全现身，而成了半人、半垣的模样。

在其中一个墓坑的入口处，一些玻璃柜中陈列着真人大小的仿制雕像：当中有一位将军肃然而立，他双手优雅地叠置于腹部，一根手指还指示向一旁移动；而跪着的弓箭手、骑兵头目、披盔戴甲的中级军官以及一名步兵，随着他的手势号令正严阵以待，准备战斗。

在一号墓坑南端显露的墙门处，这种布局展现的气势一览无遗。士兵们并肩而立，一个接着一个排满了甬道，他们面部朝前，表情肃穆而又满怀

秦始皇墓葬设施中的兵马俑，中国西安近郊

期待。他们仿佛在挖掘过程中被唤醒过来，来到我们参观者和游客所处的时空，准备展开一场神话大战。

其实，数以亿计的通勤族每天也在经历着与这些古代战士类似的仪式。他们在世界各地的地底空间中等待着地铁的车厢门开启，有时依序排队，大多数时候却争先恐后。他们有的是去工作，有的则是回家，或是去别的地方，成千上万次旅程向四面八方分散开去，有些去往天堂，有些或许通向地狱，规模也大小不一。如果说这种仪式使我们组成了一支大军，谁会成为我们的帝王？尽管我们没有长矛弓箭，也不再策马驰骋，但是，我们的武器却已更新换代，包括手机、笔记本电脑和平板电脑，这些都是现代常规战争面貌的标配。

而对于为何而战，我们也和兵马俑一样知之甚少。引领我们的声音，也如同帝王的命令般，既令人迷惑又无处不在。我们永远无从得知，集众人之力会产生什么影响、带来什么后果，如同他们也同样不得而知。但我们依旧站在那里，等着下一趟车门开启。那些肃然而立、蓄势待发的士兵也是如此，这个陶土的神话正引领着他们，前途未卜。

防御性迷宫：马斯特里赫特的圣彼得堡隧道

保罗·多布拉什切齐克

马斯特里赫特（Maastricht）地处荷兰的最南端，位于比利时和德国边境之间，自古以来就具有重要的战略防御地位。这座精美的城市修筑在软质砂岩之上，地下布满了防御隧道。其中最古老的一条隧道，是罗马人在两千年前在此建立殖民地时所建。圣彼得堡（Sint Petersburg）的罗马要塞遗迹位于马斯特里赫特以南 2 千米（1.24 英里）处，它标示出最早一批用来开采中软砂岩的隧道位置。历经了漫长而艰辛的过程后，罗马人及其后裔终于建立起一座隧道网络，它不但能提供珍贵的建筑材料，还多次在马斯特里赫特遭受袭击时成为安全的避难所[12]。第二次世界大战期间，这些隧道经过装备后，可以为二万五千名平民提供庇护，还配备有水井、储藏室、厨房、面包房和家畜圈等设施。然而在战事发生时，只有一小部分平民使用过这些设施，这或许是因为隧道中又冷又黑吧。

这些隧道中被称为"北走廊系统（Northern Corridor System）"的区段，或许是留存下来并对游客开放的最引人注目的一段。从罗马时期以来，这里就有大约二万条独立的通道从砂岩中被开凿出来，其总长一度达到 200 千米（125 英里），甚至向南延伸、跨过比利时边境约 5 千米（3 英里）。这场隧道旅行从马斯特里赫特南郊的一派田园风光开始，那通往巨大地下世界的入口则被蔓生的常春藤帷幕覆盖着[13]。隧道入口处低矮的天花逐渐升高，墙面也从几何状的小石块变成带有沟槽纹路的岩石表面；而隧道内的横断面，则从半圆形变成了长方形。

与很多开放游览的地底空间不同，这些隧道冷冰冰的，没有一丝光线。游客参观时需手持电灯照明，导游则习惯性地打断行程，提醒大家停下脚步并关掉电灯，这样他们才能领会到隧道中无处不在的黑暗。少了地面上习以为常的残余光线，人们就能在隧道中体验到黑暗独有的氛围：压抑沉重、一片死寂。游览刚开始时，参观者依照指示看向画在其中一面墙上的隧道地图，在手电光下，地图展现出一幅名副其实的迷宫图像，类似于中世纪巨型城市的街道规划，尽管地图上画得很清楚，这个有机空间却让人无法理解。在这黑暗的时刻，迷宫地图所残留的记忆更加凸显了隧道空间的神秘力量，仿佛对地图的概览，在脑海中分崩离析，看不见全貌。

尽管这些隧道漆黑一片，但几个世纪以来，人们还是以各种形式居住于此。四处散落的证据包括：刻入墙内的罗马人线条壁画，精美的 18 世纪

粉彩壁画，电影明星贝特·戴维斯（Bette Davis）等对战争时期的描述，以及 19 世纪 70 年代留下的神话主题浮雕。几个较大的空间还被改造成了小教堂，先人开凿的岩洞，则被后人塑造成了基督教的空间，包括有一些祭坛雕刻画。只不过，这些空间的形式看上去不大像教堂，反而比产生它们的罗马文化更显得原始和古老，倒像是埃及的古墓，甚至是新石器时代的墓室。

这些在隧道设施中发现的种种人类生存迹象非比寻常，不仅因为它们原封不动地存留了很长时间，还因为它们彼此矛盾却又共生共存的图像意义：那些不同信仰、不同阶层的人都共处于同样的空间中。而在地面的城市中，这些印记可能会随着时间的流逝，不是被磨灭，就是被"清理"成更一致的视觉记录。而在地下的黑暗空间中，它们却幸存下来并提醒我们，都市生活从本质上来说具有多元异质的特点。地理学家史蒂夫·派尔（Steve Pile）提示我们，以弗洛伊德"重写本（palimpsest，羊皮纸）"的概念为基础，城市中"许多历史往往共生于同样的空间中"，只不过这些历史通常没有留下任何实质性记录，便荡然无存[14]。尽管如此，在城市的地底，历史踪迹常常原封不动地保存下来，使我们更强烈地意识到都市空间重叠的历史轨迹，并领略到所有未被述说的故事。

小艇、鱼和井：伊斯坦布尔的地下水宫殿

卡洛斯·洛佩兹·高尔维兹

伊斯坦布尔的地下水宫殿（Basilica Cistern），是罗马帝国晚期的遗迹中保存最完好、也最引人瞩目的建筑之一。它建于查士丁尼统治时期（527—565），用于给附近的托普卡珀皇宫（Topkapi Palace）和当地居民供水。水库占地面积 9800 平方米（105 500 平方英尺），可蓄存 10 万吨从贝尔格莱德森林（Belgrade Forest）输送过来的水。这片森林距离现今苏丹艾哈迈德地区（Sultanahmet）西北方向约 15 千米（9 英里多），而这一地区曾是拜占庭时期君士坦丁堡的中心。超过三百根大理石柱支撑着拱形屋顶，大部分石柱取自于君士坦丁堡和其他地区的既有建筑中，因而兼具罗马和奥斯曼工匠的建造特点。其中最吸引游客的是刻有美杜莎头像的两座石柱基座：一座头像上下颠倒，另一座则侧向一旁。根据古希腊神话，任何看到美杜莎面容的人都会变成石头。具有美杜莎面部特征的"女妖头像（Gorgoneia）"作为赋予

圣彼得堡隧道的
小礼拜堂，位于
马斯特里赫特

了保护力量的护身符，在古希腊随处可见，而它们也出现在地中海各地的一些建筑物上。因此，这两座柱础上美杜莎头像的姿态被视为颠覆了神话，守护着伊斯坦布尔最重要的饮用水水库，但对于它们的来由和用途，专家们尚无定论。

罗马帝国晚期，君士坦丁堡至少建有三座露天蓄水库。如今，其中两座被用作公共市场，另一座则变成了体育场（Vefa Stadium）。君士坦丁堡的第二大地下蓄水库——费罗萨努斯水库（Philoxenus），同样位于苏丹艾哈迈德，与地下水宫殿一样也对游客开放参观。16世纪中叶，欧洲游客彼得鲁斯·吉尔斯 (Petrus Gyllius，法国自然科学家) 在当地人的帮助下造访了这两大地下水库，这时它们都已被废弃了。吉尔斯叙述道：

> 我无意中走进一座房子，里面有条斜坡通向地下水库，我们登上了一艘小艇。房主点燃了几根火把后，划船载着我在石柱间来回穿梭，石柱深深没入水中，我终于发现了这个地下水库。房主开始专心致志地捕鱼，水库中有大量鱼群，借着火把的光线，他用鱼叉刺中了几条。头顶水井口处也洒落下一点微弱的光线，映照在水面上，鱼群不断游来这里透气[15]。

伊斯坦布尔（古时君士坦丁堡）的地下水宫殿

吉尔斯当时正在寻找"拱廊教堂"（Stoa Basilica）的遗址，地下水宫殿也因为此地而得名。拱廊教堂曾经包括一座藏书量约六十万册的著名图书馆，但在 475 年被烧毁后，这里就只剩下帝国柱廊和帝国水库，孤零零留存了几个世纪之久。对后世的游客而言，伊斯坦布尔最引人瞩目的建筑就包括这座地下水宫殿，此外还有圣索非亚大教堂、赛马场（Hippodrome）、埃弗瑞特集市（Avret Bazaar）的阿卡狄奥斯柱廊，以及瓦伦斯水道桥 [16]。

吉尔斯的叙述中并没有提到美杜莎基座，可能是因为当他下去参观时，柱基被水淹没了。这次旅行引领着吉尔斯来到原本应当伫立于地面之上的石柱之中，它们曾经或是支撑着神庙和教堂的入口，或是划分出庭院的边界，或者单单只是指向苍穹。这个水库的日常水质通过吉尔斯发现的几口水井就能显而易见：水井满足了当地居民的用水需求。吉尔斯曾经记录，注满水库的流水发出巨大的噪声，而如今，此起彼伏的手机、相机声和游客们嘈杂的耳语声已取而代之。1987 年，伊斯坦布尔政府最近的一次修复完工后，鱼群重返故地，石柱基座也被五彩缤纷的灯光照亮。隐藏了数个世纪的美杜莎早已不再是守卫者，而是转身化作另一种护身符。很显然这是些雕刻品，它们铭刻着辉煌的技艺，或许每个人都想要带回家去。今天，相机早就取代了镜子，地下水宫殿也出现在电影《来自俄罗斯的爱情》（*From Russia with Love*，1963）以及最近的《跨国银行》（*The International*，2009）中。神话如今也成了商品。

古老、幽深、缜密：卡帕多基亚的地底城市

布拉德利·L·加勒特

当今世界大多数人口都居住在城市中，再度引燃了"如何才能更好地利用地底"这一议题，城市地底不仅只是交通和仓储的管道，还可以成为居住的空间。然而，哪怕我们或许认为，通过移居地底来增加人口密度是个不错的主意——即通过"向下建"而不是"向外扩"来限制水平蔓延，并促进可持续性。但是由于各个城市特殊的地质特性，使得移居地底的决定变得错综复杂，并与当地既有的人工遗迹产生冲突，甚至还有些更加难以确定的问题，例如，缺乏自然光线的生活环境，将对我们的心理健康产生怎样的影响？

　　然而，我们缺乏移居地底的知识并不意味着没有先例。一千五百多年以来，就有人类居住在卡帕多基亚地区（Cappadocia，位于现今土耳其境内）的地底。这一地区有二十二个已知的大规模地下城市，其中分布最广的是凯马克利城（Kaymakli），据说该城不但一次性容纳过六万人，甚至还包括有广阔的区域用于深度发展畜牧业。代林库尤（Derinkuyu）则是最深的地底之城，该城市有些地方深达地表以下 90 米（295 英尺）。作为必要需要，代林库尤的地底网络装备有五十二个高达 80 米（260 英尺）的通风烟囱，这简直就是一项工程壮举，因为即使在技术发达的今天，要想将它们精心安置也极具挑战性[17]。

　　尽管这些城市最初是为了便利性而建，当地的地质情况也有利于地下建设，例如地底环境有利于隔热和冷藏易腐物品，但最终政治需求还是成了首要因素。罗马人占领这一地区时，地底就修建了秘密的教堂，基督教徒便能安心在此做礼拜，而不必担心遭受迫害。这可谓是地下活动成就了地下空间。

　　随着这类政治压迫的消减，这些地下城市也被废弃，后来的参观者则把它们视为历史和文化遗址而满怀兴趣。目前，整个系统虽然有一小部分向

代林库尤有很多迷宫般的汇合点，图为其中之一

游客开放，但大部分区域仍很不安全而不宜参观。这些城市的延伸范围目前还无法确定，而未来的考古学发现，必将改变我们对这些城市总体规模的评估，并向游客开放更多的区域参观。无论如何，当今世界上仅有一个存在了一千五百年的地底城市集合，它还在教给我们新的事物，告诉我们人类为什么以及想要如何在地底生活、工作和交易，这个地方就在卡帕多基亚。

工程师和建筑师在分析这些空间时指出：

> 这些地下城市的特性，为当代建设者们提供了经验教训……地底空间充分隔绝了极端的天气条件，洞穴内部的气候条件和低湿度为农产品和酒类提供了完美的储存潜能，而洞穴本身也具备更高的抗震潜力[18]。

总之，这些地底城市隔绝热能、隔离自然力量与外界环境的特性，引起了新一代土木工程师的关注，他们以历史为鉴，以期为未来可能发生的问题找到答案。

2014 年《卫报》在对卡帕多基亚地下城市的报道中指出："我们可以将地底空间用于所有不需要阳光的都市功能，例如运输、废物管理和零售，以减轻在地面上生活、娱乐和绿化的空间压力，从而创造出紧凑且更可持续的城市[19]。"虽然对我们当习惯于城市生活，并已将大把时间用于地底活动的人而言，这些想法并不新奇，但我们或许会发现，自己正脑洞大开，有朝一日，我们有可能大部分时间都在地底世界中生活。而考虑到城市目前正面临的压力，我们应当将这一点视作未来几十年内某种发展的可能性。如果有更多的人去卡帕多基亚旅行，这种可能性似乎将不再遥远，甚至还会很吸引人，特别是当你站在那座天然具有防御性、气候控制适宜又装点华丽的地下教堂中，与历史的洪流融为一体时。

地下王国：墨西哥城的多层空间

丹·祖尼诺·辛格

巴西地理学家米尔顿·桑托斯（Milton Santos）声称：根据他的"粗糙性"概念，所有的城市都能够被视为分层的生产模式加以解读，而它们就如同沉积物般，随着历史的发展不断积累和重叠。根据他的看法，粗糙性即"过去的残留物"，例如各种形式的建成环境、景观或残骸[20]。在墨西哥城，这种城市分层的概念尤为重要，因为单是索卡洛（Zócalo，墨西哥城中央广场）这个地点，就凝聚了国家的全部历史。这个广场体现了墨西哥城在历史长河中错综复杂的权利层级：从最早的阿兹特克帝国到西班牙帝国，一直到现在的墨西哥合众国。墨西哥城位于海拔 2250 米（7400 英尺）高原上的河流盆地中（现已干涸），始建于 1325 年，它一直伫立在这座高原之岛上，直到1521 年西班牙人将其摧毁。很快，西班牙人按照典型的殖民地式布局：棋盘式的路网加一个中心广场，重建了这座城市。1821 年墨西哥独立后，墨西哥城依然是这个国家重要的都市中心，并于 1824 年成为新墨西哥的首都。环绕墨西哥城中央广场周围，可以看到西班牙人建造的墨西哥城大教堂（1570—1813），以及独立时期的墨西哥国家宫殿（1813），而就在这两座建筑之间的地下，1978 年敷设地下电缆时还发现了特诺奇蒂特兰（Tenochtitlán，阿兹特克帝国首都）最重要的建筑——大神庙（Templo Mayor，约 1390）的考古遗址。

城市中现代基础设施的建设往往成为考古学工具，当地面被重新开挖时，也向人们揭开了被埋葬的过往。事实上，自 20 世纪 70 年代开始修建地铁以来，在墨西哥城就发现了数以千计的考古文物。就像许多地铁系统一样，墨西哥城的地铁隧道成为公共教育和反思历史的场所。因此，人们可以穿过模拟外太空场景的隧道，或者观赏装饰着大型壁画的车站墙面。甚至连车站内的地图和海报，也融合了实用性与象征性。每个车站的站名都采取了阿兹特克象形文字的形式，使得人们犹如身处博物馆之中，过去和现在融为一体。此外，还有些古代文明的工艺品在乘客通道中展示。例如，索卡洛地铁站内的模型就汲取了此地的悠久历史，有个大玻璃柜中装有阿兹特克时代的大神庙模型，白色的金字塔上还覆盖着彩色的条纹。

如此说来，墨西哥城的地底之旅也就成为探访过往的旅程。只不过这种体验就像游览主题乐园，大神庙遗址的"粗糙性"往往被压缩成很容易消化理解的概念。另外，大神庙的考古遗址位于地面标高以下，但还没有被封闭起来。在被埋藏了几个世纪之后，如今它们处在一个巨大的露天地坑内。此外还有一段旧城基础设施（1900 年修建的砖砌下水道）穿过了遗址场地，就在此地，人们可以看到敞开的城市内部，它好似被开膛破肚的解剖学标本，更好比有待剖析文化的历史学课堂。

参观这个考古学场地时，我发觉自己正走在城市自身的石砌基础当中，

2 号线索卡洛
（Zócalo）地
铁站的大神庙
模型

并从下方观察这座城市，此时大教堂和周围的其他建筑物都显得比平时更为高大。在这场探访遗迹的旅行中，尽管无法摆脱墨西哥的烈日阳光，我们还是能向下深入到过去和现在的交界处，体会回到过去的时空穿越之感。我就像被传送到了墨西哥城沦为殖民地之前的过去，当我意识到在这些地底的岩石上，曾经举行过葬礼和活人献祭时，这种感觉变得尤为强烈。与此同时，大教堂的塔楼耸立于遗址之上，仿佛在提醒着人们城市历史长河中的成败兴衰，而这所有的一切都被喧嚣的街道所淹没：这就是现代大都市的真实生活风貌。与地铁中展示的扁平化历史不同，在这里，都市历史的复杂层次呈现出相互交叠、嵌套的状态，而不像书本中分离、断裂的篇章，让人感受到这个城市永无止境的建设与毁灭历程。

劳 工

刘易斯·芒福德（1895—1990）最先指出：现代工业的起源在于通过采矿加速开发地底资源，如化石燃料、金属、矿物和建筑材料。当然，地下劳动并非工业现代化的新特征，从城市产生时起，就有挖掘建筑材料这回事；而第一次工业革命的新鲜事，就是将矿井发展成"人类创造、生活的第一个完全无机的环境"[1]。创造深层的地底环境以挖掘资源，是工业化发展的必要条件，这种环境与地面世界完全隔绝，并依靠人工技术来维持，无论是照明（最初有1815年发明的戴维安全灯）、抽水（采用蒸汽驱动的泵送引擎），还是复杂的隧道挖掘技术（例如马克·布鲁奈尔发明的掘进盾构法，1825年首次用于泰晤士河隧道）。长期以来，技术工具的行头与人类劳动的天性形成了鲜明的对比：就算发明了挖掘隧道的工具，例如护盾和后来的钻孔机，或者引入了空气压缩技术，手持十字镐和铁铲劳动依然同样重要。

表现地下环境中的劳工，人们倾向于突出其地狱般的工作境况，往往还暗含弦外之音，强调阶级性和种族问题。例如，布鲁奈尔的泰晤士河隧道以及其后的伦敦下水道系统的施工见证者，都将他们目睹的劳工描述得有些骇人（有时还会画出），认为他们和残酷的地下采矿条件脱不了干系[2]。地底挖掘的指导原则，例如科学、测定和计量，似乎都被由人所做出的非理性判断所取代。在这里，观察者和工人的身份差别，导致了某种歪曲的解读——不过这或许是一种方式，使我们自身逃离了恐惧，哪怕意识到工业进步所牺牲的人命。但也有例外，有些地方地下劳动就变成了一种乌托邦式的工作形式，以反抗主流的开采剥削模式。地下乌托邦，例如21世纪初，"鼹鼠人"在伦敦东部开挖出的地下空间，在这里，劳动就采取了实现内心愿望的形式，创造出乌托邦式的空间，反抗资本主义的惯常逻辑[3]。

今天，城市地下的深层挖掘工作几乎普遍采用了隧道掘进机，尽管如此，还是有工人提醒我们：地下空间的生产需要有坚决的意志，其维护工作非但不可避免，更需要精细的操作[4]。这些工人通常穿着统一的、高能见度的荧光连体工作服，他们看上去似乎远离了挥舞着十字镐、半裸的模糊形象，与挖掘资源、推动第一次工业革命时截然不同，尽管如此，他们还是用血肉之躯，为传统观念中都市地底纯粹的技术空间重新注入了生命力。如今，这些工人不再处于恶魔般的境况，但他们仍保留了英雄主义的气质，并具体体现了地下工作的特性——新现代主义的敏锐性，这一特性将城市现代化与就业条件之间联系起来，举例而言，无论是如今旅游景点中的矿工，还是地铁工人，他们的权利和薪资都受制于剧烈波动的全球资本。

荒谬的空间：利物浦的威廉姆森隧道

保罗·多布拉什切齐克

　　大约在 1805 年，烟草商人约瑟夫·威廉姆森（1769—1840）与妻子一道搬到了利物浦发展相对落后的郊区——边山（Edge Hill），并在此地建造房屋。由于建造地点位于一座古老的砂岩采石场上方，因此地面极不平整，威廉姆森决定在采石场上修建砖砌拱门，来补救这个问题。结果形成了一些隧道，这些隧道成为最早的因素，引发了这里的惊人发展，并延伸到了周边地区。在接下来的三十年里，一直到威廉姆森 1840 年去世时，修建的隧道长达好几千米。1815 年拿破仑战争结束后，英国遭受了经济衰退的冲击，而这项工程为当地数百名失业工人提供了工作机会[5]。

　　如今，威廉姆森创建的隧道网络仅有一小部分对游客开放，但人们去参观时，还是会对这项工程的荒唐质量感到震惊[6]。看着迄今为止所发现的隧道地图，有些隧道连接在一起，而另一些仅延伸了几米后就结束。仔细审视这些隧道，越看越觉得荒诞不经：一条隧道的宽度只够勉强挤过去，而穿过了一堵墙之后却戛然而止；另一条则垂直穿过了地面，从相邻隧道的侧面都能看到它的开口；其中有一条大的砖砌隧道，直接建在了另一条的上头，显得莫名其妙。

　　威廉姆森为什么对隧道建造如此着迷？人们有过很多推测。难道他信奉了某个教派，并把这些隧道设计成避难所，以躲避即将来临的世界末日？抑或只是他在 1822 年妻子亡故以后，到地下空间中寻求慰藉？又或许他是个沽名钓誉之徒，为了炒作，故意对建造隧道的原因闪烁其词？尽管人们缺乏证据说明他的动机，但有一点毋庸置疑：威廉姆森为当地的男性提供了急需的就业机会，即便这些工作似乎没有考虑到最终的建设成果。事实上，他持续不断地雇用了越来越多的男人，虽然有些人的工作毫无意义，例如把一堆石块从一处搬运到另一个处，然后再搬回去，或者隧道建好以后，马上又封起来。如此看来，这项工程似乎对资本家的"工作"观念开了个精心设计的玩笑——这比起单纯只是慈善行为，或是威廉姆森的怪癖表现，还要古怪得多。隧道中数以千计的砖块排列成行，每一块都是手工制作而非机器加工，其中所暗示的工作伦理，更接近于反工业主义者威廉·莫里斯（William

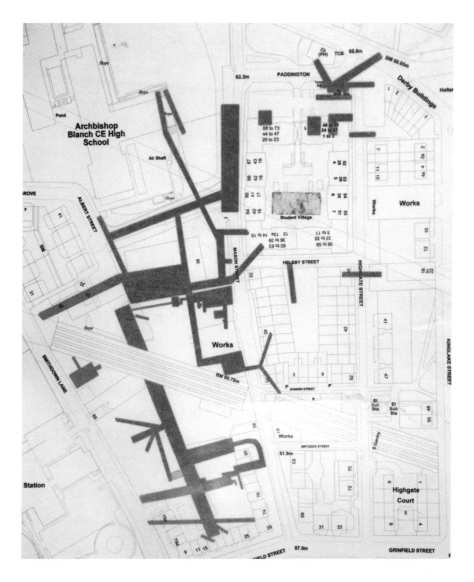

利物浦的威廉姆森隧道地图

Morris，工艺美术运动创始人，1834—1896）的思想，而有别于其他同时期地下工程（例如1825年开始修建的伦敦泰晤士河隧道）反映的观念。在威廉姆森的隧道中，劳动成为自身的终结，与生产和消费的循环分离，如同莫里斯在他的晚期小说——《来自乌有乡的消息》（*News from Nowhere*，1890）中表达出的对劳动的乌托邦式愿景。

如今，边山成了利物浦破败的市内郊区，隧道的存在为这一地区笼罩上了神秘的氛围。走在隧道游客中心附近的街道上，人们不禁会注意到一些平常并不起眼的景物，比如高围栏、死胡同、废弃建筑，和用砖块封堵的门窗。当你了解到威廉姆森的诡异隧道之后，连那些日常的风景都蒙上了神秘和诱人的色彩。现在，眼前所见的一切事物，或许都成了通往另一个世界的门户——它能够化平凡为神奇。

隐秘的劳工：费城宽街地铁

詹姆斯·沃尔芬格

> "唱吧，铁锤，唱吧！"[7]

20世纪20年代，费城的记者们努力记录下亲眼所见。宽街（Broad Street）是费城最繁忙的两条主要街道之一，而宽街地下的隧道以每天15~30米（50~100英尺）的速度增长。路面被厚木板覆盖着，超过三千名工人下到地下，尽可能采用浅层的明挖回填技术，必要时还需结合深层钻掘技术。以雷丁地铁的支墩为例，为了给这条重型铁路修建支撑，施工队被迫从费城地面向下挖掘了14米（46英尺）深。当时，费城市政厅是全美最新且分量最"重"的建筑物，正好坐落在宽街和市场街交叉口的中间，这样一来就需要独具匠心的工程师和硬脾气的工人一起协商处理。而路面的厚木板上面，开车经过的司机对下方正在进行的工程一无所知，更不知道是谁在下面施工。

> "来吧，动起来，都动起来！"

隧道下面却别有洞天，这是一个奇幻、危险、时有致命的工作场所。记者们穷尽想象力，将费城地下与《爱丽丝梦游仙境》相比较，认为这条隧

施工中的费城宽
街地铁线，摄于
1928 年

道宛如"钢铁大梁形成的峡谷，景色如画"。大力神赫拉克勒斯或许在这里
能大有作为，帮助推动铁轨穿过土壤和岩床。还有些记者则在一些看起来
不健康和不自然的事物面前止步不前。有位记者写道："十英尺、二十、
二十五、三十，还在下降……土壤阴冷、潮湿的气味渐增，就像走入了废弃
已久的城堡地窖……下面冷得让人本能地想到肺炎和结核病。"

"送她回家！"

许多记者注意到，里面的工人和隧道本身一样，往往带有奇幻的色彩：
"在天花板上几盏灯泡的光照下，身上满是水泥的工人走来走去，仿佛来自
异世界的灰色幽灵。有些人看上去如同奇异的鬼魂，戴着洗碗盆似的头盔，
走进光线更充足的地方。"在这个"凿开的地底世界"，到处都有水池、气锤、
震耳欲聋的咆哮声和诡谲的阴影，还有数以千计的工人。而留意到工人种族
的记者却为数不多，这或许是因为他们穿着厚重的工作服，且四周光线昏暗、
环境肮脏，也可能是因为当时的种族歧视造成，或许这两方面的原因都有。
那些观察仔细的记者发现，他们当中可能有一半是非洲裔美国人，比其他任
何种族的人数都多。这些人干着繁重的搬运、爆破和铲填工作。《晚间公报》
（*Evening Bulletin*）的记者劳拉·李（Laura Lee）捕捉到了以下场景：

忽然间，我们听到另一首黑人灵歌，在歌声中，一帮男人
每人手持一对大铁钳，要把铁轨摆到指定的位置。就在歌声曲

调悠长、高亢之时，他们推动铁轨并将它放下。

李还在别处发现了一个工人，他挥舞着铁锤，"绷着强有力的肌肉"，"用力捶打着支撑宽街地铁（位于罗卡斯特街和沃尔纳特街之间）的钢轴，巨大的冲击力似乎可以把整个地铁推翻"。

"真是个好姑娘！"

这些黑人所唱的劳动调子和灵歌（歌词贯穿于这篇文章之中），虽然鼓舞大家不断努力工作，但却无法使人们避免大量的伤害，甚至是死亡。费城设立了一家移动医院，有些人称之为"急救小屋"，有四名护士和一名医生整日工作，从未闲下来过。有位记者列举出工人一般的常见伤病，例如"拇指粉碎性骨折、手臂挫伤、脚上扎入生锈的铁钉、撕裂伤和擦伤"，尽管这份清单看上去痛苦不堪，但与那些头条报道相比，却显得稀松平常："地铁瓦斯爆炸，十人受伤"、"地铁爆炸，宽街住房受到震动"、"爆炸中有六人受伤"、"牵引机冲入，地铁工人身亡"、"两人遭活埋"、"惊人的大火"、"火灾"。这些报道中的伤亡人数骇人听闻，而依照当时的惯例，每篇文章在重新记录死伤者的姓名时，都标上了种族记号"有色人种"：

约瑟夫·杜马斯，有色人种。

詹姆斯·阿尔瓦雷斯，有色人种。

加里·麦克格雷，有色人种。

亚瑟·米切尔……

医院、文章、种族标记都显示了一个事实，正如《晚间公报》所指出："残酷的现实提醒我们，为了完成伟大的工程壮举，就必须付出代价。"

"敲响，铁锤，敲响吧。"

1928年轨道建设最终完工，当光线照亮地底的时候，这些事实全都被遗忘。一些政商名流，例如市长哈里·麦基（Harry Mackey）和摩根银行的爱德华·T·斯托茨伯里（E.T.Stotesbury）出席了通车仪式，并对媒体发表讲话，指出这项工程是如何显示出"费城在交通方面能够为市民所做的"。地铁光亮、安全，车站漆成了浅黄色、绿色和蓝色。他们认为，费城可以利用地铁为五百万居民开路、获得数百万美元的额外税收，以及打造在美国的优越地位。当然按照常理，一条地铁线绝不可能承担如此高的期望。无论这些权贵对未来的言论正确与否，都没有任何人提及地铁建设背后的伤亡和艰辛。有关这场盛大典礼的照片中，连半张展示地铁挖掘工人的照片都没有，更别提那些非洲裔美国工人了。他们已被城市的记忆抹杀，完全从历史中消失湮灭。

一位工人问《晚间公报》记者劳拉·李："你的书什么时候出版？"她回答说，自己只是在写一篇文章，但接着又若有所思："不过，这的确可以写成书。"是的，书可以写。但谁会成为本书的主角？

盐矿大教堂：哥伦比亚的锡帕基拉地下教堂

卡洛斯·洛佩兹·高尔维兹

其实这并不是一座真正的大教堂，它没有主教，没有高塔，也没有雄伟的外观。这座教堂埋在地下 200 米（660 英尺）深处，曾是岩盐矿坑，1932 年矿工为纪念他们的守护神德瓜萨圣母（Virgen de Guasá，"盐和水"之意），建造神坛于此，并逐步扩建成为教堂。

锡帕基拉（Zipaquirá）位于艾尔阿布拉（El Abra）附近。艾尔阿布拉的洞穴系统处于安第斯高原的最北端，高原由三座山脉环绕着一些平原，而波哥大（Bogotá，哥伦比亚首都）也地处其中。艾尔阿布拉是美洲最古老的人类聚居地之一，可追溯到一万二千五百年前。几个世纪以来，矿山本身成了开采之地，至少可从穆斯卡人（Muiscas）人算起。穆斯卡人是西班牙殖民哥伦比亚之前当地最有名的土著部落之一，他们以黄金工艺闻名于世，并由此引发了不少传奇故事，其中"黄金国（El Dorado）"的传说最为有名。

在殖民时期，欧洲普遍的观念认为，从高海拔矿山采到的盐要比低海拔的质量差。锡帕基拉地处海拔 2800 米（9200 英尺）之上，从这里采到的高品质矿盐，却证明了相反的观点。

1801 年，地理学家亚历山大·冯·洪堡（Alexander von Humboldt，1769—1859）造访了这座矿山。他的记录中声称，应该用地道来开采矿盐，而不是他所见的露天采石场。洪堡建议效仿欧洲的实践，引进新的采矿方法，而这需要采用普鲁士人最新的采矿理论知识。无巧不成书，洪堡的德国同胞、在锡帕基拉生活多年的雅各布·本杰明·维斯纳（Jacob Benjamin Wiesner）恰好就具备这些知识。如果说改变采矿的模式极为重要，那么有部分原因是，洪堡认为西班牙人非但没有引领工业发展，反而沾染了当地原住民的不良习性，而用他的话说，就是变得"比以前更懒更蠢"[8]。

洪堡造访这里半个世纪后，矿山曾经预示的财富依旧扑朔迷离，或者说，财富仍然把持在那些有权利用锡帕基拉资源的圈内人手中。一大群衣衫褴褛的妇女，在工厂附近和垃圾堆中翻找着矿盐碎片，已成为 19 世纪中叶当地的寻常景象[9]。

锡帕基拉尽管人口众多（2012 年约有十万居民），但从不曾成为重要的都市中心，而往南 45 千米（28 英里）处的波哥大才是。事实上，直到 20世纪乃至今天，矿工们仍在这里的矿坑和地下教堂中坚守岗位。这座教堂于1954 年 8 月 15 日正式开放，并于 1990 年关闭，五年后又再次开放，当时原有教堂下方的一座新教堂已经完工。如今，旧教堂——也就是众所周知的"大教堂"，已成为矿山主题公园的一部分，公园的主题包括有"矿工之路"、搭乘仿制火车的 35 分钟导览参观、攀岩墙、80 平方米（860 平方英尺）的地下"水镜"和声光秀等内容。而新教堂则已成为哥伦比亚顶级旅游景点的中心部分。

锡帕基拉"大教堂"中的现代装置艺术，位于哥伦比亚波哥大附近

　　"你有想起什么奇迹来吗？"

　　"奇迹？我能想到的不多……这大教堂本身就是奇迹：它
　　是哥伦比亚最伟大的奇观。"

　　阿方索·古铁瑞兹（Alfonso Gutiérrez）子承父业，至今已有了超过三十三年的采矿资历，2012 年圣周（复活节前一周）庆典时，他接受了当地电视台的简短采访[10]。另外一位矿工则说起："圣母用她的斗篷覆盖着我们，并保护着我们。"无论是不是信徒，圣母的斗篷或许一直在安然庇护着矿工和游客。对于锡帕基拉人而言，这座地下教堂意味着：它将悠久的采矿史、几代矿工的劳动，与有趣的表演相融合，吸引了甚至最谨慎的观光客。这可以称得上是个奇迹吧！

地底的人类生活：玻利维亚"价值连城"的波托西银矿

玛丽艾勒·凡·德·米尔

　　有个姑娘跑到我跟前。我刚从一个矿井中跟跄地爬出，眨眼适应着渐暗的阳光。周围景色一片荒芜，只有石板和碎石堆中仁立着几栋棚屋，还有许多灰蒙蒙的阴影映衬在灰暗的天空下。女孩的眼睛明亮而充满好奇，但她的姿态很颓丧，透着超乎年龄的沉重感。她向我展示了手心里的几块小银片，带着充满希望而又认命的神情看着我，就好像这是她竭尽所能的买卖方式。她暂时被身后瓦砾中产生的动静吸引了注意力，两个小男孩从后头爬了上来，我猜想这是她的兄弟。他们大笑起来，女孩也放松下来，开始咯咯发笑。那一刻，我只听到孩子们的笑声，一度忘记了自己身在何处。我微笑着寻思，只要有孩子们的笑声，哪怕这里被极度灰暗、冷酷所定义，也依然存在着希望与美好。

　　我在玻利维亚的波托西（Potosí），当时是 2002 年。

　　波托西是世界上海拔最高的城市之一，坐落在塞罗里科（Cerro Rico，意为"富饶之山"）山脚下，根据当地的神话，这里满山全是银矿。这座山更以"食人山"的恶名而著称。自 1545 年建成以来，以及整个殖民地时期，波托西都是美洲最大、最富有的城市之一，也是西班牙帝国银制品的主要供应国。有句俗语流传至今：vale un Potosí ，意思就是"价值一座波托西"，换言之，即价值连城之意。1800 年以后，银矿资源枯竭，当地采矿业转向锡矿生产，波托西的经济缓慢走向衰退。尽管如此，银矿开采仍在继续，有些矿井还在使用当中。

由于某些我仍未弄懂的原因，我莫名地被人说服参加了坎德拉里亚（Candelaria）银矿之旅，这是全世界仅存的几座未使用任何现代采矿技术的矿井之一。这倒不是因为当地没有这类技术，而是由于高昂的经济成本——新技术的成本显然比人命还贵。有人告诉我，这里矿工的预期寿命，从他们开始工作时算起，也就再活十年到十五年，大多数矿工会死于硅肺病，这是一种因长期暴露在矿井的有毒硅尘中，而引起肺部阻塞的疾病。如果采矿合作社愿意提供空气过滤面罩，这种疾病并不难预防。当地一些男孩年仅十三岁就开始在矿井里工作，所以极有可能他们在二十三岁时就会死去。当年我正二十五岁，因此参观这些矿井时，我清醒地意识到，我正在观察很可能活不到自己这个年龄的小男孩。他们每天去地下工作十二个小时，只能在日落之前看到一两个小时的阳光。若非如此，他们的日常生活恐怕全都要在地下度过。

玻利维亚波托西的塞罗里科山中，装饰着祈愿贡品的"矿山大叔"神像

我分到了一件油布雨衣、一盏带灯的安全帽，并按照指示搭乘一部小电梯（小到一次仅能容纳两人）从竖井下去。我和一位沉默寡言的玻利维亚矿工搭档，他眼神空洞地看着我，我手足无措地站在那儿，无比尴尬。

旅行团的成员在井底光线暗淡的矿洞中集合。导游向我们展示了一些银光闪烁的岩矿区，并催促我们攀着几段木质楼梯向下爬，通过其中一段隧道，并前往下一个隔间。尽管我身材矮小，还是无法只用手和膝盖爬行通过，有时我不得不放平腹部匍匐前进。想起 6 千米（2 万英尺）高的大山就在我头顶上，我感到了强烈的幽闭恐惧症。安全帽发出的光束模糊不清，我眼前所看到的，只有更多的隧道。我吞咽了一下，口干舌燥起来。空气浓烈得让人窒息，恐慌从喉咙里蹿上来，我觉得一阵晕眩、燥热和恶心。爬了

100 米（330 英尺）之后，终于来到了下一个隔间。导游瞪着我不出声，其他游客看上去也和我一样浑身不适、虚弱不堪。有些矿工在我们周围工作着，他们都有着茫然的眼神、手持锋利的凿子，还共享着香烟。我们来到下一个小矿洞中，有座雕像杵在那儿。雕像两旁燃着蜡烛，嘴里塞着香烟头和古柯叶，还有些用于仪式的小旗子装饰着他的身体。这就是"矿山大叔（El Tío）"，也就是住在矿山地底世界的神灵，表面上守卫着矿工的生命。但他看上去并不像通常的守护神般慈眉善目，反而如怪异的恶魔，头上长角，双目圆睁，有着巨大的阳具。在每日的仪式中，这阳具都会被泼洒上当地极烈的谷酒，以增强"大山的生殖力"。因此，尽管每天供奉贡品的矿工慢慢被杀死，矿山的生命循环仍然周而复始，生生不息。

对基础设施的盲目崇拜：多伦多的约克地铁扩建

布拉德利·L·加勒特

　　你被远处柔和的光线诱惑着不断向隧道深处走去。而你清楚地意识到，在某一时刻你可能往回撤。你能感觉到微小的震动、微弱的震波正在撕裂这条隧道。震动不只是来自脚底，也来自周围的一切，就像有架超大型的机场扫描仪正在水泥隧道中到处水平打转。即使你只是水平走动，比方说只是在走路去上班的途中，地道中的气味仍然时刻提醒着你：正身处地下深处。"地表"成了遥远的奢望，没人知道你在这儿，如果此时真有列火车从隧道中飞驰而过，将必死无疑。你停下脚步，再次聆听，却空无一物。接着，又一波震动声再度传来，甚至更为强烈。你把头放在轨道上，震动使你的牙齿咯吱作响。你能感觉到机器在运转，促使你想走进去。前方一片死寂的黑夜中，有台隧道掘进机如同蚯蚓一般正以每天 15 米（50 英尺）的速度，漫不经心地啃噬着易洛魁（Iroquois）的沙石基土。但这是整装待发的约克、托克、霍利，还是莫利呢（Yorkie、Torkie、Holly、Molly，四台掘进机的昵称）？只有一个办法查明真相：你必须继续前行。

　　多伦多地铁有很多地方值得书写。下湾地铁站显然就是个不错的选择。这个站于 1996 年开放使用，仅在运营了六个月后就废弃了。有人谴责多伦多交通委员会（Toronto Transit Commission）在下湾站建设中大玩政治游戏，套取资金建造一座毫无必要的地铁站，只是为了借此创造就业机会。现在，

早在轨道铺设之前，地铁站台就分成了两条相邻的隧道

该地铁站主要用于电影场景，而对这座一直形同虚设的地铁站来说，这种方式倒是一种恰如其分的致敬。

尽管以文化兴趣点而著称，多伦多地铁的规模一直以来都不大。现存的两条半线路全然不能满足快速发展的城市需求。经过几年的建设，约克地铁扩建工程延伸了现有系统的范围。8.6 千米（5.4 英里）的新建隧道，连接着六个新地铁站，耗资二十六亿加元。约克、托克、霍利和莫利建造了这些隧道，过不了多久，还会安装上轨道。这些轨道将从新的终点站——沃恩大都会中心（Vaughn Metropolitan Centre），一路通往从前的唐士维站（Downsview，现称为谢帕德西站 Sheppard West）。

因此，隧道掘进机、多伦多交通委员会的工人，以及想要一窥掘进机的都市探险家，都已被清离，这里将会被暂时清空。随后成千上万的通勤者将会把这些隧道塞满，虽然他们永远不会直接在隧道中走动，但高速车厢将装载着他们呼啸而过。

此刻，能把耳朵贴附在轨道上简直成了一种特权。研磨机喷出的粉尘轻轻落下，你身处其中，沐浴着光线和轰鸣声，仿佛在此找到了慰藉和安身之所，又仿佛除了你之外，此处空无一人。你如同悄无声息的潜伏者，又好比基础设施的忠实信徒。你将自己一点点挤入建筑的裂隙中，等着这嗡嗡声逐渐平息。工人们已经回家，与家人度过另一个夜晚，而你再次开始缓缓潜行。最后，你来到挖掘场地边缘，步入驾驶舱内（这台是托克），心满意足地坐下，按下绿色的按钮，开始继续钻掘。

商品、权利与明星：德里的地铁和集市

卡洛斯·洛佩兹·高尔维兹

贵族、商人、舞者和妓女，是"义卖市场（Chawri Bazar）"历史的一部分。义卖市场是印度德里最有代表性的批发市场之一，始建于大约 175 年前。如今，快速往来的都市旅行者取代了数个世纪以来的贸易和娱乐，同时这个市场也成为印度最深的地铁站（地下 30 米 / 近 100 英尺）。地铁黄线不仅是德里开放的第二条线路，也是总长 190 千米（120 英里）的地铁系统在 2014 年最繁忙的线路之一，而本站就是黄线上的一站。而尽管当地立法保护树木，但地铁公司还是钻掘了德里兴建的第一条隧道，并延伸了长达 11 千米（7

德里地铁义卖市场站的标志，带有伦敦地铁标志的设计风格

英里）[11]。

德里当局把大众运输"视为培养纪律、秩序、惯例和卫生等文化的教化工具"[12]。重新整顿城市空间的措施和行动已成为德里乃至全印度推进现代化并取得进步的有力象征。尽管地铁工人的雇佣条件仍然很有争议，但地铁系统已成为这种进步的显著标志。德里地铁有限公司（The Delhi Metro Rail Corporation Ltd，简称DMRC）将一些工作外包，例如发行车币和通行卡、协助乘客，以及清理站房，这样一来便引入了私人承包商和分包商的经营模式，但也限制了工人自身的权利和薪资。这种变化的另一端是宝莱坞。德里地铁有限公司的很大一部分收入，来自于将场地租赁给电影公司。光是 2008 年到 2009 年两年期间，就有六部宝莱坞电影租用地铁作为取景地，每小时花费大约一百万卢比（超过一万英镑）[13]。有趣的问题是，低收入的工人与宝莱坞明星能否以及如何在此相遇——尽管只是某种象征意义上的聚集。

"Chawri"的意思是聚会场所，"bazar（集市）"也有同样的意思。在超过二千三百万人口的大都市区，尽管地铁已成功地改善了都市面貌，但还需其他举措，才能使地铁成为工人和法人团体的想法、权利和意见的汇集之地。目前德里已采取了重要的举措，朝着这一方向发展。此外，义卖市场站还是十个定点车站之一，用于"推广社会事务"，包括提高健康意识、作为避难所，以及为老幼妇孺提供的其他基本服务。同时，德里地铁也是地铁新星集团的一员，该集团联合国际地铁联盟（Community of Metros，简称COMET）形成了标杆管理的企业集团，它的会员城市遍布全世界，包括布宜诺斯艾利斯、圣保罗、纽约、蒙特利尔、伦敦、巴黎、柏林、莫斯科、新加坡、中国香港、北京、上海和悉尼。该集团的关键目标是分享各领域的先进经验、评估绩效，例如成长、创新、客户基础、安全和环境等方面[14]。推定合同义务和就业条件就是"内部流程"的一部分，属于依据 KPI（关键绩效指标）模型对公司进行评估的六个不同领域之一。因此，可以说在德里地铁中，全球化遇到了地方性。而现在正是时候，追问该用哪种语言、将反映谁的利益、其结果又是为了谁这类问题。归根结底，这就是集市与地铁共享的特性：这里汇聚了人群，集聚了他们的商品、想法，以及他们的未来和承诺。

居 所

从工作于地下到地下栖居，两者之间仅咫尺之遥。住在地下的原因不胜枚举，例如逃避宗教迫害，逃离社会或政治恐吓，无家可归、寻找容身之所，在艰难时局中找到工作，战争时期寻求安身之地，或者只为沉迷于看似放纵不羁的自由。无论是出于必要还是主动选择，地下生活的吸引力多半源自于空间的非主流用途，这些空间的功能遭到创意和需求的挑战，并被重新定义。正如现象学家加斯东·巴什拉（Gaston Bachelard，1884—1962）写到，住宅（尤其是童年时居住的）通常会被想象成垂直的事物："它向上升起……依据垂直性将自身与其他事物区分开来，并且引起我们的垂直意识。"巴什拉还暗示到，当我们住在想象或现实的地窖中时，就会接触到"住宅的黑暗存在"，也就是说，这类空间让我们想起"（内心）深处的非理性面"[1]。这里，深埋的地下空间等同于人们的潜意识。

用巴什拉的话来说，"居住"在地下或许本质上是种积极的体验，即使人们心怀恐惧。一旦栖居于地下，我们就能"驾驭"这种恐惧，并获得新的存在感。尽管如此，那些诞生于绝望与恐惧的地下家园，究竟意味着什么？利沃夫下水道在纳粹占领期间，庇护了犹太难民长达十四个月，阿格涅丝卡·霍兰在 2011 年导演的电影《黑暗弥漫》（In Darkness）中改编了这段故事；马克·辛格的纪录片《黑暗的日子》（Dark Days，2000）揭露了居住在纽约地铁废弃段、无家可归者的生活；还有，因敢死队的常规性捕杀，波哥大的孩子们躲藏在下水道中。在上述所有的例子中，地下既危险、又安全，既是遮风避雨的庇护所，也是坟墓。在某种意义上，尤其是当我们思考社会的边缘化阶层时，被迫居住在地下这一事实，促使我们批评性地思考居住在城市中的意义 [2]。如果地下已成为避难所，保护我们免遭不平等和社会的不公正，难道我们不应揭示这些空间吗？

对于被迫受困于地下的想法和证据，我们或许会产生恐惧。但这种恐惧可能源自于我们的认同，其实在某种程度上，我们都早已深居地底，不管是住在自我的内心深处，还是如罗莎琳德·威廉姆斯提醒我们的，处于我们头顶上急速动荡的氛围之下 [3]。

内陆的地下空间：澳大利亚地下之城库伯佩迪

玛丽艾勒·凡·德·米尔

　　1915 年 2 月 1 日，年轻的威利·哈钦森（Willie Hutchinson）与他的父亲在南澳大利亚州沙漠中露营时，偶然发现了几块猫眼石（欧泊，又叫蛋白石）。不久以后，猫眼石的最早开采权被认定，一座新的小镇就此诞生。"库伯佩迪（Coober Pedy）"这一名称，源自于土著语"kupa-piti"，意思是"洞中的白人"，指的是小镇上的居民大都住在地下的住所。库伯佩迪还以"世界蛋白石之都"而著称，自 1915 年建立以来，造访此地的投机分子、怪异客和冒险家络绎不绝，他们都想在此寻求财富、精神家园或安身之所。这里一年中有八个月气温超过 40℃（72 ℉），而采矿和挖掘闲置下来的洞穴和隧道也越来越多，因此将这些地下空间改造成家园似乎顺理成章，这样不但能避免酷热，还能省去建造新住所的费用。然而，当初由于有限的自然环境和可用空间，这本来只是一种权宜之计，后来却演变成房地产的流行趋势。如今的地下居所都是刻意打造，当地人称之为"土屋（dug-outs）"。而建造一套三居室的地下住宅与建造在地面上花费相同，但生活在地下却无需空调，因此生活费用比地上节省得多。

　　我从阿德莱德历经十二个小时的车程，一路几乎没怎么睡，终于在早上六点左右，踉踉跄跄地走下"灰犬"巴士，来到库伯佩迪明亮得可怕的沙漠阳光下。我决定在这个有趣的小镇上住上几天，试着感受居住在地下的滋味，并更多地了解这里形形色色的居民。乍看上去，这里没什么看头：几条街道、少数几栋建筑、一个加油站，到处都蒙着灰尘，带着内陆特有的、褪色的淡红石头的色调。接着，我发现有两件事情很不一般。首先，我没看到一棵树，也没有灌木或其他自然生长的灌丛；后来才发现，库伯佩迪唯一的一棵树，还是人造的钢铁结构。其次，在地平线上，看不到建筑物，只有些散布的圆锥形山丘，给整个景色罩上了一种世界末日，甚至异地外星的氛围。

澳大利亚库伯佩
迪的地下小教堂

难怪，电影《疯狂的麦克斯》（*Mad Max Beyond Thunderdome*，1985）、《沙漠妖姬》（*The Adventures of Priscilla，Queen of the Desert*，1994）和《直到世界尽头》（*Until the End of the World*，1991）都在此地取景拍摄。

我在"猫眼石洞旅社"（又名"岩床旅馆"）预定了住宿，顾名思义，这是栋地下居所。这是我第一次住在地下，感觉既兴奋又迷惘。这里似乎没有"此时此地"的概念，时空背景变得毫不相关。就好像爱丽丝掉进兔子洞一样，我来到了一个截然不同的世界，我了解周围事物的惯常方式在这里都失去了用武之地。第一晚我睡了大概十二个小时，四周一片寂静，没有阳光照进来，这里并没有白昼与黑夜之分。

有趣的是，库伯佩迪是澳大利亚文化最多元的社区之一，这里共有3500人，就包含了超过45个国籍的居民。与澳大利亚大多数地区一样，第二次世界大战以后，库伯佩迪经历了人口的急速增长。当时人们源源不断地涌入此地（主要是东欧和南欧人），想试试自己挖到猫眼石的运气。逗留此地期间，我探访了拉脱维亚移民"鳄鱼哈里"奇特的地下家园。当年哈里出于自卫，在澳大利亚北部地区意外杀死了一只鳄鱼，他发现卖掉鳄鱼皮能够挣上一大笔钱，后来靠着鳄鱼产业挣到了第一桶金。之后他便搬到了库伯佩迪，想靠开采猫眼石发财。哈里是一位冒险家、隐士，又是个好色之徒，他挖出一个洞穴（这种说法很可疑），并称之为自己的"老巢"，里面墙壁的

库伯佩迪的小镇
标志

形状就像女人的阴唇和乳房，而墙上则满是照片和纪念品，都是多年来与他同居过的女人留下的。1996年我遇见哈里的时候，他已年老多病、羸弱不堪，看到他被自己打造的、堕落的"女性神祠"包围着，让人不禁感到分外凄凉。据说，哈里去世多年后（可以想象，他被安葬在一个真正的地下空间中），如今"鳄鱼哈里的老巢"已成为颇受欢迎的旅游景点，也可以说，此地成了这个男人自己的神祠。

　　尽管哈里的故事听起来十分离奇，却很符合库伯佩迪当地的风貌。这座小镇给人以强烈的"法外之地"的感受，可以说，它融合了独特的环境、猫眼石采矿者共享的生活，以及非传统地下生活带来的虚幻感（与现实感平行共存）。这似乎在鼓励当地的居民，要全盘、自豪地拥抱并接受这种"特立独行"。2015年是小镇的百年纪念，而为世人所称道的，正是小镇的特色与独一无二。

霓虹之下：拉斯维加斯防洪渠

马修·奥布莱恩（Matthew O'Brien）

　　要想了解拉斯维加斯山谷的地形，只要看看你的手掌就心中有数。你手掌外围的突起，就是围绕山谷的山脉：西侧是"春之山"，北侧是"沙漠山"、

"绵羊山"和"拉斯维加斯山",东侧是"日出山"和"法国人山",南侧是"河之山"与"麦卡洛山"。而掌中内凹之处就是盆地,掌纹线则是防洪渠,较明显的纹路代表主要的河流,它们随着时间的流逝不断拓宽和加深。

就像你的手掌一样,这个 1500 平方千米(580 平方英里)的山谷四周围合起来,仅在东南边缘有一条浅沟。拉斯维加斯河蜿蜒穿过盆地,标记出这里的最低海拔,之后越过浅沟,流入米德湖(Lake Mead)。20 世纪 30 年代中期,胡佛水坝堵住了科罗拉多河形成一个水库,也就是米德湖。

拉斯维加斯位于莫哈韦沙漠(Mojave Desert)的中心,这里极度炎热和干旱,但每年还是吸引了四千万名游客,简直比麦加还受欢迎。这座城市夏季的平均最高气温达到 39℃(70℉),年平均降雨量仅 115 毫米(4.5 英寸,洛杉矶年平均降雨量 330 毫米 /13 英寸,而西雅图为 940 毫米 /37 英寸),并且通常连续几个月都没有降雨。

不过在春季和夏季,来自墨西哥湾 (the Gulf of Mexico) 的气流会产生雷暴雨,并在短期内带来大量的降雨。由于雨水难以渗透沙漠的硬质地层(以及所有的沥青、混凝土地面),因此雨水顺着盆地的坡度,流向更低、更都市化的地区,再以每小时四十多千米(二十五英里)的速度,冲向拉斯维加斯河。此时,人行道成了小溪,街道成了河流,交叉路口则成了湖泊;垃圾桶、报摊、汽车、移动房屋乃至人,都被横扫而过,这对旅游业实在是大为不利。

1985 年夏季的一连串洪灾,搞得拉斯维加斯这座"罪恶之城"近乎瘫痪,内华达州议会(Nevada Legislature)授权创立"克拉克郡地区防洪控制区",控制区旨在发展总体规划以减少洪水泛滥,调控洪水区域的土地使用,并提供资助以维护防洪渠。南内华达州的众多机构曾经各自为阵,这是山谷地区第一次以认真、协作的方式来管控洪水。1986 年,原本不愿支持洪水控制的克拉克郡选民,在晴空之下投出选票,通过了 0.25 美分的营业税,用于资助这个"防洪控制区"。接下来那一年,税收有了进账。最后在 1988 年,第一个工程在拉斯维加斯河段开始建设,也就是在克雷格路和市民中心大道之间开辟防洪渠。从那以后,控制区就同洪水玩起了英勇的追捕游戏,但从未赢过。

拉斯维加斯山谷的人口,从 1990 年的七十五万人,增长到 2014 年的二百多万人,这里的洪水控制系统也随之不断发展。错综复杂的网络延伸至各条山脉,如同你的掌纹线一样,包括 75 个滞洪池,总长 885 千米(550 英里)的水渠,其中超过 320 千米(200 英里)位于地下。那么,拉斯维加斯防洪渠到底藏有什么秘密?在霓虹灯之下又藏着什么?答案就是"杂物",例如

X级宣传单、啤酒罐、圣经，以及"艺术"，例如涂鸦、壁画、诗歌和哲学，和数以百计的"人"。

厄尼（Ernie），以前是名受过训练的赛马骑师，现在沉迷于视频扑克（video-poker），住在15号州际公路下方的横向管道中已有十年了。他把管道的中央部分漆成了米黄色，这样才能发现闯入的黑寡妇蜘蛛。这段管道是死胡同，水排不出去，他曾在数次洪水中受困于此，却又得以生还。"我很幸运"，他带着田纳西腔调说道："实在幸运。我在这儿经历过三次大洪水。雨实在太大时，我曾被困在这儿好几天。我告诉你发生了什么。我曾见过上帝。我和上帝还长谈过好几次，伙计。"

哈罗德（Harold），身高1.8米（6英尺），留着爆炸式发式，已断断续续在市中心的下水道中住了五年。他以前是一名厨师，现在打些零工来攒钱，希望能尽早搬离地下水道。他的据点中有科尔曼露营炉、各色锅碗瓢盆和几张临时置物架，上头摆放着油、香料和其他调味品。哈罗德骄傲地说道："不管你现在想吃什么，我都能帮你现做。我把需要的东西都准备在这儿了，伙计。有火腿、意大利面、肉丸。我每天要做三顿饭呢！"

盖里（Gary）为了戒除可卡因毒瘾，二十年前从西雅图搬到拉斯维加斯，他或许是唯一一个为了戒除可卡因而来到拉斯维加斯的人。结果他摆脱了可卡因，却又吸食了大量冰毒。他说，游手好闲加上冰毒成瘾，令他终日流落街头，而他已在拉斯维加斯大道（the Strip）西面的下水道中住了近三年。他的营地，白天通过顶上的格栅采光，如同他的天窗，里面有一张单人床垫、一把办公椅，还有一张当成咖啡桌使用的木质线轴。盖里说他患有结肠癌，活不了多久了。

从盖里的营地往下游走，经过一段令人印象深刻的涂鸦画廊，来到拉斯维加斯大道之下，这里顶部的高度降低，隧道向东面转弯。而下水道的墙面上开了洞，霉味扑面而来。与你相伴的，只有混凝土、蟑螂和一股5厘米（2英寸）深的径流。

"地底世界就好比地上世界的一面镜子。"克劳斯·克伦普（Klaus Klemp）在《地底世界：隐匿之境》（*Underworld: Sites of Concealment*）一书中写道[4]。然而在黑暗之中，对于头顶上方超过9米（30英尺）处的赌博、纵情狂欢，此处几乎不露痕迹。尽管如此，这些排水沟和赌场之间仍有相似之处。例如，它们都消除了时间感，而人们难以发现其出口。此外，尽管有人存在其中，它们都还是地球上最孤独寂寞的地方。

本节部分内容改编自马修·奥布莱恩（Matthew O'Brien）的《霓虹灯下：拉斯维加斯隧道中的生与死》（拉斯维加斯，2007）。

敢死队和燃烧弹：波哥大的下水道

布拉德利·L·加勒特

当我们思考城市中潜在的居住空间时，下水道或许是大家清单上的垫底。下水道既狭窄、又肮脏，不仅臭气熏天，而且出入不便。然而，正因为这些原因，躲在这儿几乎难以被人发现，反而使它成了理想的藏身处。

从 20 世纪 90 年代以来，哥伦比亚波哥大的下水道里就挤满了社会和政治难民。他们当中许多人几乎不断地吸食巴祖可 (basuco，可卡因药丸、粉末状晶体和化学品的混合物) 和胶合物。不过在你评判他们之前，你得知道他们当中有许多人，都眼睁睁地看着亲朋好友被活活烧死。一些准军事组织把燃烧弹投入了下水道，企图将他们赶尽杀绝。

一些在波哥大下水道中生活的人，仅仅只是因为贫困逃到这里，很多人把他们当成"废物"。还有一些人，则是因为在哥伦比亚"肮脏战争"（Dirty War，始于 20 世纪 80 年代初）期间，被右翼准军事组织盯上，逃到了地底。20 世纪 90 年代，美国政府以"紧急救援包"的方式，向哥伦比亚政府提供了 3 亿美元的外援资金，其中 6000 万美元是以销售武器的方式提供。你或许会问，究竟发生了什么紧急情况？起因是左翼政治势力，包括工会的崛起，威胁到了美国政府支持的右翼政治秩序[5]。2004 年，《纽约时报》（New York Times）报道，"对于工会会员来说，哥伦比亚是迄今为止全世界最危险的国家，去年有 94 名成员被杀害，截止到今年 8 月 25 日，又有 47 人被害"[6]。这些骇人听闻的数据，只是波哥大地下故事的一部分，而如今仍有数百人生活在这里。

然而，大多数下水道中的难民都是社会底层阶级，他们只是被猖獗的社会暴力逼迫至此。在 20 世纪 90 年代初，有过一阵短暂的时期，《洛杉矶时报》（Los Angeles Times）上有篇文章为这种人道主义危机发声[7]，从而引起了外界的一些关注，各种援助蜂拥而至。但是，当摄像机撤走、报道也不再是头条时，敢死队又开始扫荡，并在政府和民众多得惊人的支持下，实施了所谓"社会净化"的惩戒式袭击行动。

两名下水道帮派成员，从波哥大的检查井中探头张望

多年以前，大多数为了躲避敢死队而逃进下水道中的人，都带着小孩一起来此。在其中一处下水道中，有一对夫妻在此生活了十七年，还生了三个孩子。而在另一处下水道中，根据人权活动家卡拉·麦基弗（Kara McIver）的说法："在一个检查井下面，有好几群青少年轮流生活在此，有一次警察确认他们无法持枪闯入这里的下水道，就向下水道中直接倒入汽油，点燃了火柴，活活烧死了二十二个孩子。"[8]

尽管这些故事读起来骇人听闻，但对于本书中大多数轻松的章节来说，可算是必要的平衡。在人类过往的文化中，地底代表着令人生畏、死亡与恐怖之地。现代科技让我们比以往能在地底待上更长的时间，这才稍稍洗刷了它在历史上的污名。但是记住这样一个事实还是很重要：即对于许多人而言，地底仍然是充满死亡与恐怖之地。从本书中的许多章节中都显而易见，我们往往太容易遗忘那些自己没有看见的事物，哪怕就发生在我们脚下。而波哥大的下水道，就是我们需要记住的最重要的地方。

地下的"伙伴情谊"：墨尔本的排水道

达尔蒙·里克特

　　直到造访墨尔本之后，我才听说"伙伴情谊（mateship，同伴之谊、哥儿们情谊）"这个词。在《澳大利亚传奇》（*The Australian Legend*，1958）一书中，作者罗素·沃德（Russel Ward）把这个文化习语描述成澳大利亚人不可或缺的特质，不仅代表着友谊，还有浓缩了忠诚、平等的含义[9]。同时，这个词还被广泛用于定义后殖民地时期的澳大利亚精神。

　　例如，菲利普·巴特斯（Philip Butterss）在调查声名狼藉的内德·凯利（Ned Kelly）帮时强调，"反权威主义、平等主义和伙伴情谊"等特质，是凝聚澳大利亚民族认同感的关键因素。此外，"伙伴情谊"一词，也很容易被用来定义法外组织的文化，而这群当代的"不法之徒"，则致力于在澳大利亚的地下，探索排水管道的广阔网络[10]。

　　这些排水道起源于 19 世纪的城市规划。维多利亚淘金热在 19 世纪 80 年代达到巅峰，当时墨尔本成为世界上最富有的城市之一，也是仅次于伦敦

在墨尔本的雨水
排水道中探险

的大英帝国第二大城市[11]。此时，伦敦本身也在进行大规模翻修，由总工程师约瑟夫·巴扎盖特爵士（Joseph Bazalgette）主持，建造了总长超过 1900 千米（1180 英里）的隧道，彻底改变了伦敦的下水道。澳大利亚建筑师也效仿英国的都市工程经验，着手在他们新生城市的地下，广泛建造雨水排水道网络。

墨尔本这座城市，建在亚拉河 (Yarra River) 的冲积平原上，早期的扩张发展被广阔的沼泽地带所阻碍，因而建造这些排水系统，有助于未来的都市生长。1870 年至 1910 年间，这一区域所有的天然河流都被重新疏导到新建的运河中（随着城市扩张的新发展，这些运河被适时地建造起来）[12]。今天，仅在墨尔本地下，就有总长近 1600 千米（1000 英里）的排水隧道。而沿着亚拉河河岸，有些洞穴每隔一定的距离分散排列，这对喜欢冒险的年轻人来说，绝对是难以抗拒的诱惑。1986 年 1 月 26 日，这天是澳大利亚国庆日，有三位年轻人伍迪、杜戈和斯洛思，组成了一个名为"洞穴部落"的探险俱乐部。

霍克伯恩（Hawk's Burn）原先是亚拉河的支流，洞穴部落的早期发现之一就包括位于这里的砖砌坟墓。对澳大利亚的"排水工"（指下水道探险家）而言，发现文明就意味着一种"占领"。1987 年"澳新军团纪念日"（ANZAC Day，纪念第一次世界大战时，登陆加里波利半岛的澳大利亚和新西兰军团）当天，他们无意之中发现了一条地下河，便将此河更名为"澳新军团排水道"（ANZAC Drain）。

20 世纪 80 年代至 90 年代间，洞穴部落在墨尔本各地记录下一百多个排水系统。他们之间规定，谁先"发现"一条排水道，谁就有权给它命名。因此，大家会发现，诸如"鲍勃的邪恶检查井"、"三天下水道"、"蛇窖"和"杜哥（Dougo）的茅厕"等名称。该组织绘制的地图，也成为一种现象学记录，如此说来，它不仅是种地理记录，还将个性与体验，融入了快速发展的、当代城市的地底传说中。

伙伴情谊的精神，回荡在整个墨尔本的排水道中，很多的下水道空间还有了新用途，比如用作社交聚会之地。费力拖到地下的旧沙发、空啤酒瓶、涂在墙上的访客留言簿，甚至提示简易安全出口点，或前方潜在危险的涂鸦路线，都成为象征伙伴情谊的短暂事物。而在澳新军团排水道中，还有个大空间被重新构想成俱乐部会所，人们称之为"会议厅（Chamber）"。洞穴部落如今在此聚会，举办周年庆典和颁奖仪式，以颂扬城市排水道探险者的成就。除此之外，它还成为一座圣坛。有一面墙上，记录着坠落身亡者的名字，例如绰号"捕食者"的迈克尔·卡尔顿，他是洞穴部落悉尼分部的创始人。另一位提名表扬的是杰夫·查普曼（Jeff Chapman），又名宁加里修斯（Ninjalicious），他不仅是一位著名的加拿大探险家，还是先锋都市探险杂志《潜入》的创办人[13]。

然而，对于逝去的探险家来说，没有什么比他们留在隧道墙上、亲手绘制的标记，更具有纪念意义。墨尔本街道地下到处都有"捕食者"留下的涂鸦标记，现在已经成为地方传奇的一部分；在这些标记旁边，还留有墨尔本都市工作委员会的工程师阿尔夫·萨德利尔（Alf Sadlier）的签名，他在20世纪40年代和50年代的重建工作期间，用焦油把名字涂在下水道的墙面上。

靠这种方式，墨尔本的排水道演化成如同一本文化剪贴簿，众多素不相识的人因好奇心而集聚在此，产生出思想和经验的火花。在"第十号排水道"中，有一段管道的墙面上留有凌乱的涂鸦，言简意赅地概括了这种反独裁主义、平等主义和伙伴情谊的文化："向来到此地的冒险家问候、致敬！"

阶级分水岭：芝加哥瓦克尔街地下车道

詹姆斯·沃尔芬格

芝加哥下瓦克尔街（Lower Wacker Drive）有段独一无二的道路，由于被当作许多电影的地下拍摄场景而闻名，包括《黑暗骑士》（*The Dark Knight*，2008）、《布鲁斯兄弟》（*The Blues Brothers*，1980）以及宝莱坞电影《幻影车神3》（*Dhoom 3*，2013）。瓦克尔街其实处于地面之上，就像芝加哥卢普区的其他部分一样，在19世纪中叶，它从密歇根湖盆地中向上架起。尽管最近经过了几番改造，这条3.2千米（2英里）长的地下道路仍有八百根支撑柱和许多隐藏式转弯，并且每天有近三万辆车驶过。有位《芝加哥论坛报》（*Chicago Tribune*）的记者，把在下瓦克尔街街道上驾驶比作一场电子游戏，路上"有川流不息的过往小轿车、卡车，甚至芝加哥交通管理局（Chicago Transit Authority，简称CTA）的公交车……还有回响的喇叭声和闪烁的黄色警示灯……令人心跳加速、掌心冒汗，尤其是当车子突然从坡道入口和混凝土柱子后面冲出来时，愈发使人胆战心惊"。这段道路带来的视觉感受，使好莱坞电影的场务人员无法抗拒它的诱惑。然而，大多数公

芝加哥的下瓦克尔街多层车道

共场所的景象，只是下瓦克尔街故事的一部分[14]。

瓦克尔街有上、下之分，源自于丹尼尔·伯纳姆（Daniel Burnham）的著作《芝加哥规划》（1909），这本书旨在将芝加哥由"世界猪肉屠宰之城"变成"大草原上的巴黎"。伯纳姆的规划建议改善芝加哥湖滨地带、火车站和公园，并期望通过两条瓦克尔街改善河畔的周边环境，同时拆迁芝加哥河沿岸的旧鱼市和蔬菜市场。以上、下街道的位置划分，商务人士和游客将利用地面上的道路通行，而货运卡车和服务车辆则使用地面下的道路行驶。

自从下瓦克尔街的第一段于1926年完工以来，这些道路就被刻意当作都市阶级差异性的创造者、标志物。地上的街道，例如上瓦克尔街及其与密歇根大街（高租金的"壮丽一英里"）的交叉口，至今仍吸引着许多游客和富有的芝加哥人。尽管此地距离下瓦克尔街仅咫尺之遥，但这类人住的是新特朗普国际酒店，在巴宝莉（Burberry）和安泰勒（Ann Taylor）购物，再去史密斯－沃伦斯基牛排馆（Smith & Wollensky）大快朵颐。许多游客乘坐游览河船，观光路线平行于下瓦克尔街，沿途可以看到芝加哥的建筑瑰宝，包括市民歌剧院、论坛报大厦和箭牌大厦。然而，尽管下瓦克尔街距离布扎艺术大道只有20米（22码）远，且位于视线高度上、能被河上任何人轻易看见，但导游人员还是很少会提到它。

下瓦克尔街完工几年以后，随着经济大萧条时期（Great Depression）开始，这种阶层特质变得更加明显。有记者认为，沿路的角落和缝隙中，住着多达一千名失业的芝加哥人，他们在此寻找容身之所，躲避这一地区严酷的寒冬。有些记者将下瓦克尔街宣传为"胡佛酒店"，还有些记者则喜欢把它称为芝加哥版的巴黎地下墓穴。从那以后，城市的流浪汉就在这条地下大道旁边，找到了安身之处。直到20世纪90年代末，据记者估计有超过一百人住在下瓦克尔街，而这类报道让人们强烈地联想到，早在一个世纪以前，社会改革家雅各·里斯就曾描述过这种景象，如同"市中心黑暗、危险的腹地"，"位于地表之下的神秘地带"[15]。

20世纪90年代末期，市长理查德·戴利（Richard Daley）筹措3.5亿美元重建下瓦克尔街，而这也是芝加哥美化计划的一部分。从此，芝加哥不再容忍居住在地下的流浪汉，他们生活在阴影之中，实际上有时候就住在露天篝火投射的影子中。市政府的员工把沿路的闸门锁上，并派遣垃圾车搬走他们仅有的一点儿家当，警察则强行驱逐不愿自行离开的人。有些人认为政府此举是在挽回芝加哥，这些行动令他们颇为满意；但也让另一些人惊骇，他们只想知道，美国人为了折磨社会底层最贫穷的人，究竟堕落到了什么程度。芝加哥伟大的人道主义者和口述历史学家斯图兹·特克尔（Studs Terkel）极力谴责这种行为，"政府把人们从住了多年的公共空间中赶走，而他们并没打扰任何人。"他反问道，"我们人类究竟是怎么了？"[16]

特克尔的问题提得很好，尽管这个问题还可以进一步扩大，问一问最初我们是如何创造出这样一个社会，有如此众多的流浪汉只能住在下瓦克尔街？作为敏锐的社会观察者，尤其是观察芝加哥的状况，特克尔并没有忽视地上的舒适和富裕与地下的极度贫困共存的现象。正如其中一位被驱赶的流浪汉乔治·加德纳（George Gardner）指出："我们是全世界最富裕的国家之一，却存在着与现实不符的贫穷。这是没有道理的。"这或许不合情理，但不可否认，下瓦克尔街反而强调了这一点。

挖掘者与逃亡者：敖德萨的地下墓穴

达尔蒙·里克特

乌克兰港口城市敖德萨（Odessa）的地下，埋藏着一个迷宫。据估计，这个复杂的隧道网络总长2500千米（1550英里），可能是世界上最大的地下网络系统[17]。敖德萨地下墓穴形成于天然的洞窟、裂隙和山洞，17世纪时被扩建成为用于走私的隧道；19世纪时，这里的建设迅速推进，敖德萨地下隧道也随之发展成为石灰岩采矿区。到了19世纪末，地下墓穴遍布三个明显区分的水平面，并向下延伸至海平面以下60米（近200英尺）深处[18]。

然而，1917年的俄罗斯内战中断了采矿作业，地下墓穴又重新成为走私者和游手好闲之徒的天下[19]。这里就是个目无王法的地底王国，直到第二次世界大战时，才有了洗白的机会。

1941年，纳粹军队把红军赶出敖德萨时，约莫有6000名苏联游击队员留了下来。他们藏身于敖德萨的隧道内，并依靠地上的反叛军从通风竖井送下食物和供给来维持生计。他们会出其不意，从这里对入侵者发动袭击，之后迅速消失、躲回地道中。这些游击队员克服了饥饿、隧道塌方和纳粹毒气

巨大、复杂的敖
萨德地下墓穴和
隧道系统中的一
条隧道

袭击幸存下来，许多战士始终坚守阵地，直到 1944 年 4 月苏联军队打回来，解放了敖德萨 [20]。

对于敖德萨的子孙后代而言，地下墓穴的神话就是传家之宝，它们的秘密就是国家引以为傲的宝库。一位领着我走进迷宫的当地人说："挖掘者并没有绘制地图，因为这是违反规定的。"如此谨慎的态度，表明了游击队的精神、反抗阶级的哲学，这或许也解释了：为什么敖德萨地下墓穴的秘密能够被严守至今。

许多人听说过巴黎地下墓穴，而罗马的地下墓穴也出现在好莱坞大片中，例如《夺宝奇兵 3：圣战骑兵》（*Indiana Jones and the Last Crusade*，1989）。不过，敖德萨的地下迷宫总是想方设法避开聚光灯，尽管这些隧道的实际总长度超过了巴黎和罗马地下隧道总和的三倍，甚至比从敖德萨到巴黎的距离还要长。

而严守秘密的另外一个关键因素则是长期的盲目崇拜。众所周知，巴黎地下墓穴中到处散布着人类遗骨，墙上画满了明亮或令人毛骨悚然的涂鸦，这里还是巴黎自命的"地下菲尔（cataphile，指地下探险者）"组织反文化的聚会场所。在罗马，包括人类骷髅头、木乃伊般的尸体，与饰有珠宝的圣人遗骨，共同构成了华丽的祭坛装饰品，并定义了地下墓穴的基调。这样的"死亡记忆（memento mortis）"，不仅塑造了隧道的神话主题，还引导着人们潜入黑暗地底的体验。

　　而敖德萨的地下墓穴却空无一物，连同它们的历史一道被隐藏了起来。这里仅存的遗迹都是人类偶然间留下的标记，而并非有组织的结构性环境，例如那些用西里尔字母（Cyrillic，由9世纪斯拉夫圣人Saint Cyril创立的文字）潦草涂写在墙上的诗稿，以及军事营地的遗留物。就连当代探险家也没有记述这里的基调，反而，其中的标记、垃圾和残骸，都随着时光的流逝，被黑暗本身所吞噬殆尽。破碎不堪的石灰岩墙壁，仿佛早已习惯了啃噬墙面的涂鸦，就连刻得最深的标记、最难以磨灭的涂料，都终将在时光中化作尘土。

　　同样，有关这些地下墓穴的神话，也都是些冷漠无情的故事。一些关于迷失宝藏的民间传说，曾经诱惑寻宝者来到敖德萨地下，最终却命丧于此；还有个"白猎人"的故事，据说，有个迷失此地的雇佣兵，他的鬼魂至今还在迷宫中游荡。传说故事甚至还讲述了一位地底之神，他是个极具报复心的恶魔，专门囚禁那些企图盗走他的宝物之人。在如此变化莫测的地底迷宫中，落石和地面下陷造成了不断变化的地形，因而就算是探险老手，当一次又一次潜入时，都必须选择不同的线路。这种奉若神明的做法，表达了人们对大自然主宰权的诗意隐喻。

　　欧洲其他地方的地下墓穴，或许被人们看作黑暗与死亡之地，如同地牢或者密室一般，但它们至少还是属于"人类"的空间。相比较而言，敖德萨地下墓穴则了无生气。骷髅头和遗骸或许会令人感到不安，但最恐怖的却是那茫茫的虚空一片。

　　2004年跨年夜当晚，敖德萨当地有一群年青人潜入地下墓穴中庆贺新年。然而在接下来的狂欢庆祝中，他们忘记了队伍的确切人数，一位叫玛莎的姑娘被留在了隧道中。大约三年以后，她的遗体才被找到，而据验尸官推测，玛莎在黑暗中生存了三天，最终死于脱水。"死亡记忆"如此之多，或许"死亡湮灭（oblivisci mortis）"一词能更好地形容这些地下迷宫的能力，它们吞噬着所有的生命印记，在无尽的地底深处，就连死亡本身也湮灭无踪。

废 物

　　人造的地下世界不再仅仅只是都市中的现象。用于挖掘城市街道地下空间的技术和工艺，也为拓展更偏远地区的地下空间提供了可能性，乡村地区的地下，正在进行着有关黄金、种子、服务器和机密的各种活动。而如今，我们还把人类的大量垃圾埋放在这里。

　　按照大卫·派克（David Pike）的说法，地下空间长期以来被当作"终结事情、地点、人、技术和想法的废墟，从象征性与实质性来说，都是如此"。作为"世界的垃圾场和填埋地"，地下空间被当成垃圾的埋放地，是资本主义根深蒂固的信条：事物不断累积，因而需要一个地方来倾倒遗留的废物，而且最好能够埋起来，从此眼不见、心不烦 [1]。隐藏废物的概念，起源于古代的蒙德斯（mundus），即罗马中心地下的阴暗之地。在这里，各种垃圾和污物都被倒在一个深坑中，包括公共垃圾、死刑犯的尸体，以及被父亲弃养的新生儿遗体。正如哲学家亨利·列斐伏尔（Henri Lefebvre，1901—1991 年）谈到，"mundus"不仅代表被诅咒之地，它还"将城市、地上空间、土壤、领域，与隐藏的、秘密的地下空间联系起来，而这些空间是孕育和死亡、开始和终结、出生和埋葬之地"。后来，"mundus"被基督徒转译成神圣的墓园之地，因此，这个词不仅从根本上来说，指的是"暧昧不明的空间"，它也代表着"最肮脏和最圣洁、生命与死亡、孕育和破坏、恐惧和魅惑"之地 [2]。

　　19 世纪，城市快速发展，挑战了蒙德斯含混不清的本质。19 世纪 50年代和 60 年代，随着伦敦和巴黎大规模规划和建设全市的下水道系统，废弃物被分成了可用和不可用两类，而后者会被排出城市范围。从那以后，世界各地的城市包括波士顿、华盛顿和纽约都广泛采用这一方式。这些下水道网络有效地创造出一种全新的"蒙德斯"：这个空间彻底远离城市，废弃物能够完全被抛诸脑后。然而，从 19 世纪 80 年代以来，尽管处理污水的方法发展得越来越精密，但还是会留下残余物，包括倾倒在外海中的有毒污泥，以及更近年代的、焚烧人类排泄物时残留的有毒灰烬[3]。当然，虽然我们期望把垃圾、废物排放到看不见的地方，但这些地方还是保留着莫可名状的魅力。19 世纪时，许多巴黎居民就被巴黎下水道的照片所吸引，乘船参观地底的下水道系统，而下水道也是最早被拍摄的地下空间之一[4]。如今，巴黎、维也纳、布赖顿、东京以及其他一些地方，依然还提供下水道观光的旅游项目。

或许没有哪种形式的废弃物，比核裂变废料更能证明灭绝的假象。核废物几乎不可想象的寿命（有时候长达一百万年）使得"mundus"的本质意义重新复苏，根据列斐伏尔的说法，这就是世界中心的"虚空"。实际上，马丁·海德格尔也曾指出，"mundus"是其中一个用于表达"造物整体"的拉丁语[5]。这些容纳核废料的空间，不管被埋得有多深，都会构成一个超出人类理解的"整体"，而这种"虚空"，对于我们构筑的、更为熟悉的地面世界之基础而言，是一大挑战。人类沉迷于这种关系，当然也引起了其他问题，因为既然人类对遗迹怀有贪得无厌的兴趣，就会违背所有的常理，不顾一切找寻到它们。

冲入漩涡：布赖顿下水道

布拉德利·L·加勒特

维多利亚时代建造的下水道系统既结实又美观，就这一点而言，布赖顿并不比伦敦差。在 19 世纪 60 年代中期，由约瑟夫·巴扎盖特（Joseph Bazalgette）爵士主持的工程壮举，把伦敦的河流导入了世界上最复杂、华丽的下水道系统中，随后布赖顿的官员认为，建造一个类似的、但又极其简化的系统，能够把废弃物从住宅运送到大海，这无异于就是现代化城市的必需品。就这一点而言，素有"滨海伦敦"之称的布赖顿，当然不会输给它的老大哥伦敦。

数以百万计组成下水道系统的手工砌筑砖块之间，有个被称为"南方巨物"（The Colossus of the South，简称 COTS）的炮筒状物体，它是用布赖顿海滩上的沙石打造而成的。这项工程挖光了滨海地区的沙子，只留下卵石覆盖在海滩上，成了现在的样子。与伦敦类似，构成布赖顿"南方巨物"的19 世纪砖砌建筑物表面，覆满了海洋生物的尸体，至今仍作为公共设施使用。站在布赖顿码头朝西面看，在拱廊的入口外，你可以向下看到一个突出的石砌防波堤，里面有十分引人注目的景象：锈迹斑斑的铁条格栅，正守护着"南方巨物"的排水口。这个石头垒砌的防波堤，实际上是一个中空的下水道排水口。当游客们不停地按下快门，俯瞰着带有码头涡流的宁静海面，或是乘坐海岸后方的嘉年华游乐设施时，很少有人会注意到，他们正站在有一百五十多年历史、至今仍在运转的下水道顶上。这个排水口被设计成在遇到紧急情况时，把未经处理的污水直接排放到大海中。但在非紧急情况下，污水不会流到这里，而是被运送到位于皮斯哈文（Peacehaven）的泵站，并且这个泵站还被伪装成华丽的维多利亚式火车站。不过也只有在布赖顿这个"古怪英国之都"，才会出现这番景象。

20世纪90年代，布赖顿当局决定升级维多利亚时代的排水系统（这一行动比伦敦还早）。在滨海地区的大规模开挖工程中，隧道掘进机被投入使用，它与钻入英吉利海峡、打造英法海峡隧道的机器类似。在很短的时间内，"南方巨物下段（Lower COTS）"被开挖出来：也就是一个巨大的、但显然有些无趣的水泥管道，用于容纳雨水和"南方巨物上段（Upper COTS）"的溢流。这段管道在路面以下30米（98英尺）深处开挖，远远超过19世纪能够挖掘的深度，而且就位于布赖顿最著名的资产——卵石海滩的正下方。以这样的深度开挖，也灵活利用了布赖顿最伟大的基础设施资产之一——缓和的坡度地形，为重力流排水提供了便利。而在布赖顿，一切事物都终止于海滩。

不过你或许会问，这两个系统一个在上、一个在下，是如何连接起来的呢？答案就在图示的这张照片中：这个20米（66英尺）长的垂直管道，是下水道工程独一无二的杰作，名叫"艾迪漩涡（Eddie's Vortex）"。水流沿着从南方巨物上段（就在路面正下方）的维多利亚式砖块表面滚滚而下，汇聚成一个可怕的漩涡，再化为螺旋状的水柱抛向空中，最后洒落到南方巨物下段的无尽水流中。站在底部的水环中间，不禁让人把这里联想成电影《星际迷航》（Star Trek）的传送舱，正准备用光线照射某位倒霉的太空探险家，要把他传送到住着愤怒外星人的荒凉星球上。

南方水利公司是这个独特公共空间的现任监管者，管理着"南方巨物"的定期观光旅行活动。实际上，布赖顿是英国唯一一座城市，对公众开放参观维多利亚时代的地下基础设施。如果你来到布赖顿，绝对要抓住机会，参观一下这古老的系统。而对于那些更想寻求实际体验的游客来说，维多利亚花园中有个检查井，还有根30米（98英尺）长的绳索，借此你可以穿过"艾迪漩涡"，进入南方巨人下段。不过，如果你想站在"传送舱"中待上一会

"艾迪（Eddie）漩涡"的垂直排水口

儿，我建议你还是带件防水雨披。

废物与工程：纽约下水道

大卫·L·派克

　　纽约标志性的地下空间不是下水道，而是地铁。20 世纪上半叶，它是现代化发展的象征，而到下半叶，它却成为现代化失败的代表。然而与世界上大多数城市一样，水利工程实际上是最古老、分布最广，也最为昂贵的地下基础设施。纽约的下水道系统最初从城市的天然水系发展而来，由于逐渐被工业污染，因而被覆盖起来、并入排水系统。这样一来，曼哈顿地区和其他行政区的大部分区域，都将污水排放和雨水排放合并到同一个系统中 [6]。水利建设工程仍在持续进行且从未停止过。最早将水资源导入城市的引水渠，可追溯到 19 世纪上半叶；美国历史上最大的公共工程，三号隧道（Tunnel No. 3）从 1970 年开始施工，并预计在 2020 年完工。纽约总长 9600 千米（6000 英里）的下水道管道，也让构成地铁系统的 1355 千米（842 英里）轨道相形见绌 [7]。这些排水隧道从岩床中爆破出来，深达 305 米（1000 英尺），直径达 7.5 米（24 英尺），规模远超过人们对一般地铁空间在日常生活中的印象。

　　没有什么公共工程的用途比排水隧道更为平凡，它们为纽约供水并排除废物，但这种用途却切中了都市问题的核心。1832 年的霍乱爆发，两年后又发生了一场毁灭性火灾，促使当局建造"克罗顿水道（Croton Aqueduct）"。"三号隧道"于 1954 年开始规划，当时工程师们意识到，老化的一号、二号隧道如果不停运，就无法进行修缮。因此在新隧道完工前，这两条旧隧道可能因故障失灵，还激起了许多貌似有理、大难临头的幻想场景 [8]。

　　这些下水道在其他各式各样的末日幻想中，也扮演了重要的角色，尽管这些幻想主要是虚构的，并不符合基础设施的特征。与它们自然景观的起源相回应，下水道长期以来都是怪物纽约客的天堂，从鳄鱼到人形地下食人族（Cannibalistic Humanoid Underground Dwellers，简称 CHUDS），从《忍者神龟》（*Teenage Mutant Ninja Turtles*）到漫威漫画的"莫洛克族"（Morlocks），以及《X 战警》（*X-Men*）世界中怪异的变种人。由于过于怪异，这些怪物无法充当人类，只能在地底深处建立起秘密的社群 [9]。怪物被这里的水区分开来，有位纽约隧道工人，将自己的工作与《蜜月新人》（*Honeymooners*，

在电影《捉鬼敢死队2》（*Ghostbusters II*, 1989）中，末日场景般的下水道污泥

20世纪50年代的情景喜剧）中阿特·卡尼扮演的角色相比较："诺顿是位下水道工。我们的工作是建造隧道，而他则负责清扫。我们就像矿工。"[10] 在隧道挖掘工人的故事中，水被描述成具有威胁性、破坏性的力量。例如，在科勒姆·麦卡恩（Colum McCann）的《光明的一面》（*This Side of Brightness*，1998）一书中，纽约东河（East River）下的爆炸杀死了其中一个人物角色，但其他人物角色却因此建立起一辈子的友情。又比如，在吉米·布雷斯林（Jimmy Breslin）的史诗巨作《就餐费》（*Table Money*，1986）或托马斯·凯利的《回报》（*Payback*，1997）中，自由享用的美酒，能诱使纽约的种族主义、暴力本性浮出水面[11]。

　　隧道工人的小说，以工人阶级的经验为现实依据，探索了排外和不平等现象；而下水道的故事，则用耸人听闻的夸张幻想，设定了同类型的社会问题。在20世纪80年代，这两种形式都盛极一时，当时里根政府的经济和政治政策不仅加剧了社会分化，还使末日核灾难成为可能的情景。不过，隧道工人的小说，把地底想象成为不分种族和民族的空间（隧道工人工会成立于1903年，名为"地方147号"，是美国第一个种族融合的工会），而下水道的奇幻故事，则更强调民主空想的幻灭。例如，在电影《出租车司机》（1976）中，特拉维斯·比克尔（Travis Bickle）梦到一场"真正的大雨"，"把街道上所有的污物洗刷掉"，并冲下下水道，这个梦象征着对民主的幻想。污水蔓延过了曼哈顿倒计时的末日黑暗中，那是阿兰·摩尔（Alan Moore）和戴夫·吉本斯（Dave Gibbons）的漫画《守望者》（*Watchmen*，1986—1987）中的场景。在这些作品中，纽约下水道体现了社会功能的大规模失调，表达了流离失所的冲击力；而作品也认同，这些问题的成因和解决方式，都存在于真实的地面世界[12]。

纽约下水道在视觉景象中一直形象突出、夺人眼球，但到了21世纪，文化关注的焦点已从人文因素转向基础设施方面。对于城市历史学家和"场地黑客"（place hackers，借用布拉德利·L·加勒特富有感染力的术语）而言，这些伟大的公共工程，不仅让我们记住过去英雄的劳动者，同时也唤起我们投资未来的意愿，而城市中所有的居民都将因此受益。公共工程留存至今的物质痕迹一方面造成了乐观主义，另一方面只能以非法的方式闯入，同样也制造出在新世纪公共空间被不断缩减的悲观图景。

迷失的地下空间：纽约大西洋大街隧道

茱莉亚·索利斯

纽约大西洋大街隧道（Atlantic Avenue Tunnel），一直被当成神话和神秘故事，时间比它作为运营中的火车隧道还要久远。自从一百五十多年前隧道被关闭后，就引起了历史学家的兴趣，并点燃了公众的想象力。在纽约的地下，它绝对是最奇妙的地点之一。

这条隧道建于1844年，是波士顿与纽约连接计划的一部分。那时候，布鲁克林还是个快速发展的新兴城市，它只能通过渡船，跨越从纽约而来的东河，与曼哈顿联系。布鲁克林与牙买加铁路公司（后来被长岛铁路公路取代）计划，将布鲁克林的渡轮码头和皇后区的铁路枢纽站连接起来，然后从那里再提供服务设施，一路开往波士顿。1836年，从河滨站沿着大西洋大街铺设铁轨后，这家公司开通了小型客运列车的常规运营。

当时蒸汽机车是个新事物，它的马力还不足以爬上轮渡码头另一边的陡坡。很多小火车只能依靠不情愿的马匹往上拉，不仅造成动物痛苦不堪，还引起大西洋大街沿路店主的怨声载道，这不仅是因为噪声扰民，还因蒸汽机喷出浓烟，让这条主街上的寻常生意做不下去。

为了补救这种情况，铁路公司建造了一条砖拱隧道，宽度足以容纳两列火车轨道，长度约760米（2500英尺）。隧道顶部沿线安装有通风孔，街道上的通风口还用栏杆围住，防止黑烟遍布通道。开通运营当天，一列小火车往返通过隧道50次，载着兴高采烈的布鲁克林市民，和一桶桶作为饮料的苹果酒。由于早在 1844 年，这条隧道就在城市街道下方运送火车，因此有些人认为它是世界上最早的地铁隧道。

然而，这项地下工程并没能安抚大西洋大街的业主，他们依然担心，沿线持续不断的污染会影响这条日益重要的商业街。于是 1859 年开始，布鲁克林市区禁止采用蒸汽机车，而隧道也于 1861 年关闭。根据新的《隧道法案》，它的所有权从铁路公司移交给布鲁克林市政府。轨道被拆除，入口被封闭，上方的道路也被掩盖，隧道的痕迹荡然无存。没过多久，公众就忘记了那里曾有条隧道。

当然，这个话题有时还是会被提起。沃尔特·惠特曼（Walt Whitman）在一首有名的诗中，就曾纪念隧道过往的时光，而布鲁克林的报纸，偶尔也会刊登有关大西洋大街地下阴暗交易的传闻。1896 年有篇文章传出小道消息，把这条地下通道描写成烈酒私酿者、盗匪和杀人犯的避风港。显然，还鲜少有人了解隧道的基本常识，例如它确切的尺寸、出入口和功能。还有传闻说，在河岸边的隧道尽头，那里虽已被厚重的石墙封闭，并与主通道隔开，但还藏着最后一辆蒸汽机车，就停在轨道上。

这条封闭的隧道，如果确实被非法用作走私者的老巢或蘑菇农场，那么人们是如何潜入的，就不得而知了。通风井早就被填堵住，因此唯一的入口，似乎是经由从相邻地窖建造而来的秘密通道，但也没有人清楚这些通道到底在哪儿。1916 年，市政工程部门的一名检查员钻通隧道顶部，期盼能

纽约废弃的大西洋大街隧道

发现有毒气体、伪钞制造者和巨大的啮齿类动物，却发现里头静悄悄的，空无一物。这些年来，这条隧道已被大多数市民遗忘，逐渐成为都市传奇。

　　1980 年，一则电台故事提到了这条迷失的隧道，有位工程系学生被这则故事所吸引，在城市档案馆中找到了一张蓝图，上面指出了可能的检修孔入口。在公共设施工作组的帮助下，他爬进了街道下方的洞穴，并设法爬向隧道东端尽头的旧拱道顶部。结果发现隧道本身完好无损，只要清通从检修孔进去的入口通道，再装上进入隧道的楼梯后，就可以偶尔开放给游客参观。不过，藏有旧机车的那个区段还是无法到达，有堵巨大的砖墙把它挡住了。

　　三十年来，进入隧道的唯一途径，就是来到大西洋大街和法院街的繁忙交叉口，从原有的这个检修孔下去。遗憾的是，纽约消防部门对隧道缺少紧急出口发出警告，出于安全考虑，还游说当地议员关闭隧道。因而 2010 年 12 月，这条隧道再次被封闭起来。

　　然而，布鲁克林不太可能再次把这条隧道遗忘，尤其是传言中迷失的蒸汽机车还没有找到。2011 年，《国家地理》杂志为了拍摄纪录片，聘请了一些工程顾问，他们用磁力计探查这条隧道的滨河区段，结果发现了一个 6 米（20 英尺）长的异状金属物。到目前为止，市政府一直反对任何正式开挖这条隧道的计划，声称会对此地的交通造成极大的破坏。因此，隧道中的机车并没有成为历史文物，而依然是人们猜测中的事物，任何对隧道的丰富过往感兴趣的人，都能被它激起想象力。这条隧道被关闭大约 150 年之后，还依然保持着自己的神秘。

被压抑的废物：伦敦下水道
大卫·L·派克

　　1862 年，记者及评论家约翰·霍林斯黑德（John Hollingshead）出版《地底的伦敦》（*Underground London*）一书时，书名中"地底的"一词，几乎专指伦敦的下水道网络。这本书写于 1858 年发生的"大恶臭"（Great Stink）事件之后，当时泰晤士河充满了城市污水，霍林斯黑德在书中回顾了古老排水网的"浪漫"神话和多样性，并期待约瑟夫·巴扎盖特（Joseph Bazalgette）主持的工程 1875 年完工之后，这一系统展现出"科学的"理性化。由伦敦都市工作委员会的总工程师约瑟夫·巴扎盖特主持修建的新排水系统，不但包括一条拦截隧道，还包括可将污水导入伦敦东部克劳斯尼斯（Crossness，大型污水处理工厂所在地，1865 年开放使用）水泵站的主排水系统，以及沿泰晤士河取代了原有泥滩的河岸堤坝（1870 年完工）。这个维多利亚式排水网长达几千千米、由数百万砖块砌筑而成，2003 年，它被英国 BBC 广播公司宣称为"世界七大工业奇迹"之一，迄今依然是伦敦排水系统的主干[13]。然而，这个系统如今超出负荷，导致排入泰晤士河的泛滥污水不断增加[14]。目前，泰晤士水利公司正在着手改进一些基础设施，包括泰晤士河潮汐隧道（Thames Tideway Tunnel）。这条巨大的集水式下水道长约 25 千米（16 英里），与泰晤士河平行、位于河流的下方，以便在 34 道"污染最严重的下水道水流"排入河水之前，将它们拦截下来[15]。建设工程最近获得了批准，于 2015 年开工并计划于 2023 年完工，耗资约 50 亿英镑，不过有评论家指出，这项计划占用的公共绿地空间要比巴扎盖特当年的堤岸工程多得多[16]。

近代早期，伦敦的排水系统一直是露天的，大量的新闻报道和文学作品都把它当成对腐败的直接描述或比喻对象。到 1834 年，伦敦已建成了大约 114 条封闭的下水道，而其中有三分之一建成于 1824 年以后。都市更新计划，比如约翰·纳什（John Nash）贯穿西区的摄政街改造计划（1814—1825），就包括了在新街道地下建造排水隧道[17]。这些砖块铺成的排水管道以及被污染的城市河流（例如图示的艾夫拉河），成为想象与现实的沃土，不但满足了维多利亚时代喜爱下水道奇妙事物之人的嗜好，还成了小说中的神秘与冒险之地，或舞台上令人动容的场景；此外，这些地方还是清扫工和拾荒者独一无二的领地，他们清理隧道内部，沿着泰晤士河的泥滩和下水道出口觅食。亨利·马修（Henry Mayhew）等人满怀惊叹之情把这些事物记录下来，作为伦敦生活精彩绝伦的多元化象征[18]。尽管这些下水道肮脏且病菌肆虐，但人们还是把它们和城市活力联系起来，而自从现代化步入正轨后，这些活力逐渐消失。尽管霍林斯黑德对下水道工程预示的健康城市表示欢迎，但他笔下对下水道的描写依然热情洋溢，例如肉菜市场下方的"血腥下水道"，犹如"温泉般沸腾的下水道"，以及藏匿着西洋菜（水田芥）和"食用菌"的下水道，这暗示了我们神话故事对他和他的读者，仍有着强烈的影响[19]。

自从巴扎盖特和他的工人们完成了英雄式的工程壮举后，伦敦下水道将奇异、复古、有机与技艺、控制、卫生等特性结合起来，散发出迷人的魅力。与欧洲许多下水道网络不同，伦敦的下水道系统从未对公众开放，尽管如此，最近泰晤士水利公司已经开始提供年度游览，开放参观壮丽的修道院

位于斯托克维尔（Stockwell）车站地下的艾夫拉河（River Effra），曾是建于 19 世纪中叶的伦敦下水道之一

磨坊水泵站（Abbey Mills Pumping Station）和其中一个排水口的部分下水道。几个世纪以来，相关新闻报道的措辞几乎一成不变：惊叹于下水道的工程技术，赞美沉静的水流，而对其中的有机物质满怀恐惧。最轰动的报道莫过于2013年，人们在泰晤士河畔的金斯顿下方，发现一个15吨重的油脂凝结球，堵塞了下水道[20]。

同时，自从19世纪以来，伦敦下水道作为通俗文化中的虚构场景，首次赶上了地铁的步伐[21]。虽然其中一些小说和电影以19世纪中叶为背景，而另一些则以当代为背景，但这些作品几乎都包含有一定程度的奇幻风格，夹杂着一点儿犯罪的底层生活[22]。在下水道空间中，有机自然或是得到控制，或是变得怪异、可憎，而这些作品在这两者之间表达出不同程度的张力。与地铁有关的故事通常来源于日常生活问题，与此不同，下水道故事情节的设置倾向于采用神话与神秘的元素，梦想与噩梦同时并存的愿景，不断地为一切被地面平常世界压抑的事物找寻着安身之所。

埋葬不可思议的恐惧：尤卡山核储存设施

布拉德利·L·加勒特

埃及象形文字直到19世纪初才开始被解读。人们很快就发现，许多埃及陵墓的外立面上都刻有可怕的警示语，警告人们不得随意将它们挖开。埃及古物学家扎希·哈瓦斯（Zahi Hawass）引用了其中一句警示语："诅咒打扰法老安息者。打开陵墓封印之人必遭横死，无药可医。"[23] 当然，现在少有陵墓还没遭到过洗劫，闯入者对这样的铭文置之不理。

这类情景恰好有可能重演，让人们对尤卡山核废料储存设施的争议愈演愈烈。这个核废料的埋葬场预期存在长达数千年，甚至有可能超过人类的漫长历史[24]。在内华达州拉斯维加斯的西北方向160千米（100英里）处，人们打算将这座储存设施从山脉的一侧向内挖掘120米（394英尺）深。这里原本属于西部肖松尼族和西部派尤特族的圣地，冷战期间，被美国政府强行作为常规的核武器测试场[25]。按照计划，一旦七万吨用尽的铀棒和各种剧毒无比的液体废料被小心地安放在山体地下300米（985英尺）深处，这座核储存设施会使该地区和核能技术之间的关系变得更为密切[26]。尤卡山内的核废料，预计会在今后的一万到一百万年间，在此地安静地散发核辐射。

尤卡山（Yucca Mountain）核储存设施地下层的提案示意

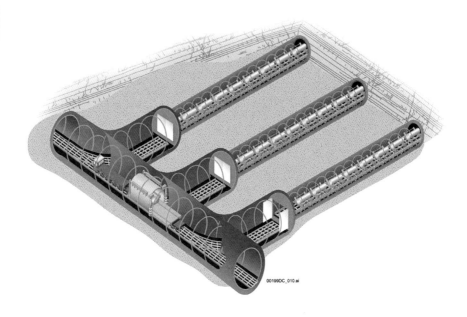

00199DC_010.ai

　　1987 年，核设施项目得到提案，从那时起，尤卡山的前景一直给人以迷人、恐怖和昂贵（预算费用为 17 亿美元）的印象，直到通过不断诉讼，2010 年该项目的联邦资金被撤销时为止。费用昂贵的原因显而易见，即根据环境保护法，必须广泛研究这个项目对各种资源可能造成的影响。其中面临的问题包括：必须考虑地下水的深度（位于核废料下方 370 米 /1214 英尺）以及可能渗入密封容器中的湿气含量。此外，还必须策略性地绕过场地中的两条地质断层线，这也让问题变得更为复杂。一旦巨大的 U 形隧道被开挖出来，做出决定该如何储存核废料（装入 1.2 万千个钢罐容器中）之后，工程师接下来还得担心未来可能出现的未知事件。例如，石棺般的储存所被密封后，地底的湿度水平可能造成容器被侵蚀；此外，未来的各种变数又会如何影响整个核设施，包括气候变化，地下水位可能因此而上升，地下水将会更接近密封的储存所。

　　针对面临的种种难题，美国政府必然会优先处理技术和后勤问题，因为与此同时，文化评论家、美洲原住民部落和社会科学家都绝不允许政府回避较严重的问题，也就是说，当人们试图把"难以想象、不可思议的灾难时间跨度"概念化时，就已超出了过去所有人曾经处理过的任何问题，在这样的背景之下，应当调和与现实的矛盾，认清一切其实都发生在这圣地之上[27]。

　　整个计划中最不确定的因素，当然是未来的人类，因为如此不负责任创造出这类核废料的物种，当然也有可能纯粹出于好奇，而不负责任地撬开这个废料场，就像我们挖开那些埃及陵墓的所作所为。人类学家、考古学家、社会学家和其他人等都在激烈争论，该如何警告未来的人类此地的危险性。他们的建议包括，在花岗岩巨石上镌刻多种不同语言的警告标语，在该地区中均匀布置 48 根立石，挂上爱德华·蒙克（Edvard Munch，挪威画家）的巨幅画作《呐喊》（*The Scream*），或是设置成排的威慑性路障，埋下一组大型磁铁（使该地区产生"独特的雷达扫描特征"），随机分布埋在地下的标记，而最后干脆建议，直接修建一座永久性的游客中心 [28]。不过最可行的提议，或许是销毁所有的文件、讨论和场地中的有形物质遗存，并期望从今往后数千年永远无人知晓此地的存在，这样一来也就没有人会去寻找它。

2010 年，在投资了数百万美元研究和建设之后，尤卡山计划被奥巴马政府终止。对一些人来说，它的"失败"和它的提前夭折、成为地底遗存的现状，却是一场理性主义的胜利；而对另一些人而言，这些封存的遗迹则暗示着，美国政府在极端分化的政治气候下，已无能力做出必要的决策。

记 忆

西格蒙德·弗洛伊德曾提出："城市如同人的思想，就像可擦去的重写本（palimpsest，羊皮纸），较早的发展阶段会被后来的吸收，并为后来的发展提供原材料。"[1]你可以想象，如果挖掘一系列的层次（包括精神层面的），就可以按照时间顺序揭示城市的发展，由此可见，弗洛伊德将思想与城市等同起来，是具有说服力的。但是，城市是否真的就像思想一样具有"埋藏的"的潜意识，有待人们去揭示。当物质残留物完全被擦去时，弗洛伊德的重写本或许才最吸引人。那么究竟要清除到什么程度，城市地底埋藏的层层记忆才会多过物质的遗迹？

清除地下空间的物质遗存，反而会激起更多无形的记忆，这通常具有强烈的政治意味。柏林在国家社会主义（纳粹主义）时期，开普敦在动荡的殖民历史中，都可以找到带有疑问、但普遍存在的埋藏往事。柏林这座城市有点儿独特，集体创伤的过往记忆不仅被保存下来，还被纪念，且有目共睹。至于诺丁汉地底数百个洞穴的记忆联想，就少了些政治意味，不过自从近期被开发成旅游景点之后，也饱受争议。相比之下，香港的都市记忆则以不同的方式存在，这种记忆被编码、数字化，并被安全地储存在地下，以便人们不断地检索，或许倒成了地底废弃物的对立面。总之，借由城市中各种不同的社会、政治纠葛，记忆也以不同的方式或呈现出来，或是被掩盖掉。

那些难以"清除"的地面建筑和纪念碑，根植于土壤之中，成为未来的考古学遗迹。它们绝对的物质永久性，即更易于擦除而难以毁灭的特性，暗示了城市作为重写本的模式，与其说是种规则，倒不如说是个例外。即使存在这样的事实，存储在地下数据中心的数字化历史，依然表明了几乎全人类的普遍愿望：即在地表之下"安全"的物理空间中，永久地保存我们虚拟的生命。就此而言，地底和记忆之间的关系，或许能用更微妙的词语来设定。

哲学家米歇尔·塞雷斯（Michel Serres）用富有感召力的话语说道："记忆通过混乱和动荡不安的方式，渗透和流动"[2]。这样解读的话，都市地底就不再是等着被解密的一系列地层，如同地质学家通过研究岩层，可能揭开一条深层时间（deep time）的通道那样；反而，地底的空间创造出一系列与城市密切相关的折叠记忆，述说着城市现在与未来的变化。而一些自愿被激发的记忆，才是最有趣的地底记忆[3]。

下沉的历史：柏林的城市快铁和地铁隧道

塞缪尔·梅里尔

　　柏林城建于沙石和水流之上。12世纪至13世纪期间，在施普雷河（River Spree）的淤泥岛、沙滩和汇流处，这座城市的中心区逐渐发展起来。多年以来，这些定居点都紧挨着湿软的沼泽地边缘，直到15世纪早期，柏林成为霍亨索伦（Hohenzollern）王朝的所在地，荷兰的专门技术最终控制了这一地区的排水问题。四个多世纪以后，1882年，一条旧河道为后来的城市快铁（S-Bahn）提供了最早的一条线路。此后，除了南北线隧道（North-South tunnel），以及隧道沿线位于市中心的六个车站（建于1934年至1939年间）以外，城市快铁网络大多数都在地面或地上延伸。负责建造这些车站的工程师，面临着与1902年修建柏林最早的地铁（U-Bahn）站时相同的问题，即必须处理不稳定的底土和较高的地下水位。这些最早的地铁站，与今天地铁网络中的其他大多数车站一样，都在地面以下建造，采用明挖回填法，并结合精密的抽水机制，来降低施工过程中的地下水位。

　　当地的地质情况不但造就了柏林的交通运输网络，还为20世纪的柏林城市历史，提供了深刻的隐喻："在这片沙地之上，许多当权者建立起自己的纪念碑。当纪念碑倒塌、掌权者消失，这片沙地却依然还在。这就是'政治流沙'。"[4]这些转瞬即逝的流沙，依次见证了柏林成为德意志帝国、魏玛共和国和第三帝国（Third Reich，指希特勒统治下的纳粹德国）的首都，之后又成为冷战区域的中心和如今统一德国的支柱。以上的每一个时期，都在柏林城市的表面和结构中留下了痕迹，但在城铁和地铁的地下基础设施中，却有些较黑暗的记忆被封存起来，其中部分原因，是需要维持城市地上、地下各处公共交通的日常运转。因此，这些运输网络可被视为那些埋藏记忆的

"景观",即城市集体潜意识的物质证明,并可能唤起离奇的回忆。从身心上来说,这些地方都充满了压抑的故事 [5]。

对于国家社会主义时期和鲜为人知的事件来说,这一点更是千真万确。鉴于柏林向来偏好探讨自身的负面往事,如果把这些事件呈现在地面之上,或许还会引起更大的关注。举例来说,1935 年城市快铁隧道施工期间,在勃兰登堡门附近(当时称为赫尔曼戈林大街),流沙移动失去了控制,造成 19 名建筑工人遇难,而这场事件既缺少历史的关注,也没有得到纪念 [6]。由于当时急着赶在 1936 年希特勒的奥运之前完成场地建设工程,事故的原因抢占了头条,而让人们忽视了结果,后来政府以军事化的国葬对待遇难者,并公开展示了他们覆盖着万字旗的灵柩。至于即刻为他们在波茨坦广场车站立座纪念碑的计划,却从未实现过。由于德国的"记忆政治(politics of memory)"早已几度沧桑变化,就算真的立了这座碑,也不见得还会在原地留存至今。

又或者例如,1945 年 4 月至 5 月柏林战役的最后几天,柏林的城铁和地铁发生了水灾,一些相关的记忆成了未解之谜。一是对水灾的成因历史上众说纷纭,其次遇难者的人数也不确定,这都限制了纪念活动的投入,而对这场灾难的"精辟"论述,却包围了在纳粹统治下苦难的德国民众,这使

1946 年,遭到战争破坏的柏林南北线城铁隧道

得情况早已变得错综复杂。究竟是纳粹的焦土策略还是红军该对这场灾难负责？可能永远都无法查清了 [7]。此外，鉴于这些地下网络设施还充当过战地急救医院、军事指挥所、平民避难所，战后政府当局自己先做好了准备，打算从这些隧道中找回一万具尸体。耸人听闻的新闻报道，使得死亡数千人的传闻愈演愈烈，不过当水全部抽干后，也只找到了大约五十具尸体 [8]。

从那以后，这场洪水便借由各种电影镜头反映出来，历史的谬误和虚构的故事也四处传播。在俄罗斯出品的电影《解放》（*Liberation*，1970，1971）系列当中，描述了一场英雄式的地下战斗，影片中洪水迅速淹没了一个地铁站（尽管洪水的影响不大可能如此严重），这时苏联战士拯救出妇孺儿童。同时，在德国电影《帝国的毁灭》（*Downfall*，2004）中，却没有提到这场洪水，反而同一个地铁站，只被希特勒的随行余党当作逃跑路线的一部分，他们在柏林地底潜行，暂时逃脱追捕。这些埋藏的记忆，就此强化了地下空间作为危险场所的文化框架，还特别强调了某种观念：德国的地下世界，或许就是纳粹威胁势力阴魂不散的藏身之处 [9]。

碉堡的艺术：柏林克里斯蒂安和凯伦·鲍罗斯夫妇的收藏品

萨莎·恩格尔曼 哈丽特·霍金斯

"如果遇到火灾的话……"艺术品收藏家、广告大亨克里斯蒂安·鲍罗斯（Christian Boros）坐在顶层公寓的混凝土板上，思索着这个问题……其实这里就是一座碉堡的顶楼。在他的身后，有一幅达米恩·赫斯特（Damien Hirst，英国当代艺术家）著名的药丸画，看上去有点儿模糊不清，还有一张沃尔夫冈·提尔曼斯（Wolfgang Tillmans）拍摄的凯特·摩斯巨幅肖像画。公寓一角，还摆放着奥拉维尔·艾里亚森（Olafur Eliasson）的红色扇形雕塑。鲍罗斯决定道："我会两手各拿一幅伊丽莎白·佩顿（Elizabeth Peyton）的画，然后逃命。" [10]

鲍罗斯艺术藏品中心（The Boros Collection）也被柏林人称作"鲍罗斯碉堡"，原先是建筑师卡尔·博纳茨（Karl Bonatz）在 1942 年打造的防空洞，现在成了克里斯蒂安和凯伦·鲍罗斯夫妇当代艺术收藏品的展示中心。这座碉堡盘踞在柏林米特区奥拉宁堡门车站旁，在天空阴影的笼罩之下，外观交替呈现出淡灰色或暖米色。建筑本身被设计成对称的迷宫式：混凝土墙（一些地方厚达 2 米 /6.5 英尺）外表面以石头砌筑，包裹着建筑的核心部分，内外之间设有狭窄的通道和走廊。碉堡没有窗户。一百二十个房间分布在三楼，天花板很低矮，空间狭小，还有些其他古怪的特征，例如窄小的通风口、活板门和窥视孔。混凝土到处都是，甚至比空气还多。碉堡位于地面以上，而人们一旦进入其中，就能明显感受到建筑的无比庞大：笼罩感和挤压感会从四面八方向你袭来。

这座碉堡最初是为了庇护帝国铁路上（Reichsbahn，德意志国家铁路）的乘客而修建，却又在 1945 年被苏联红军当作监狱，十年后，还被用来存放菲德尔·卡斯特罗（Fidel Castro，古巴著名领导人）送来的异国水果，因此它还得了个"香蕉堡垒"的绰号。20 世纪 90 年代，它被一家艺术公司租用，而使用空间又被转租其他一些团体开派对，主题包括科技、幻想、虐恋（S&M）和恋物癖，碉堡也因此获得了"世界上最重口味的俱乐部"之名[11]。后来，柏林市政府得到风声之后，勒令停止了这类团体活动，这栋建筑也被投放市场出售。2003 年，当时住在莱茵河谷的克里斯蒂安·鲍罗斯及其夫人凯伦正在四处寻觅场地，以存放他们越来越多的当代艺术藏品。他们参观过一座医院和一座火车站之后，选中了这座碉堡。

认为鲍罗斯夫妇只是把碉堡变成了画廊，这种说法并不大确切。其实它不是画廊，而是把这些艺术作品当作不同寻常的标本包围其中的某种环境。今天，人们可以预约在周末参观鲍罗斯艺术藏品中心。鲍罗斯藏品中心与一般画廊、博物馆快速更换的布展截然不同，它的"秀场"已经持续了四年之久。此外，这里也没有策展人：收藏家亲自从七百件收藏品和近期收购的作品中选出展品。每一件展品都分配有单独的房间，但展示方式完全由艺术家本人决定。在 2012 年至 2015 年的展览中，托马斯·萨拉切诺（Tomás Saraceno）把房间的墙面整个漆成白色，并将网状《飞行花园》（《空港城市》）的黑色绳子，系在毫无装饰的浮雕上。艾未未的《树》，则把拾到的樟木块儿以钢螺栓连接起来，形成怪异的结构，它看上去可以自我支撑，并推向周边的混凝土墙。还有许多艺术家选择利用碉堡墙体的古怪特性来创作。例如，克拉拉·利顿（Klara Lidén）的《青少年房间》，利用齐膝高度的活板门作为房间的出入口，里头还摆放着一张阴森森的上下床；艾维斯特和沃尔特（Awst & Walther）则在墙上放入一支铜箭，正对着堡垒外墙上的一个小窥视孔，主题叫作《发射线》。

鲍罗斯碉堡还有着无数从前使用和居住过的痕迹，例如天花板附近的黑色条纹迂回钻入楼梯井；有个尖角被磨平了，或许是手工磨的；还有一连

柏林克里斯蒂安·鲍罗斯艺术藏品中心的外墙面，这里原先是座碉堡

串的凹坑，以前曾是一排厕位。但这类印记的存在反而强调出更多的修整部分。有个曾用作牢房的小房间，现在收藏着阿丽佳·柯维德（Alicja Kwade）的作品《迈阿密路牙宝石》（Bordsteinjuwelen-Miami，2007）：这是一系列钻石形状的沥青块儿组成的作品。在这狭小的空间中，墙面的质地变化各不相同，人们由此可以想象，那些磨损可能是由其他物件引起的，或是坐在角落里的某个人造成的。黑色的书写印记星罗棋布。尽管有许多报道评论过碉堡中的各种遗迹，这些墙面却给我们留下了不同的印象。我们不禁猜想，正是人类的持续使用才让这些印记存留下来：只需任其发展，层层的混凝土墙就会如同叶子或鳞片一般，向我们显露出人类占据此地的所有证据。

　　在碉堡的三楼弥漫着一股爆米花气味，这或许是最令人不安的体验。参观了几分钟之后，这种感受得到了证实，原来是迈克尔·赛尔斯托弗（Michael Sailstorfer）的爆米花机，这个装置每次只爆一粒玉米，落到一大堆爆米花上。来到这里之前，参观过的每个房间似乎都有一个自己的世界，如同各自独立的实验。哪怕是发出的巨大钟声（托马斯·齐普的《无躯壳的灵魂》），或是键盘产生的共鸣声（齐普的《无题》），都不会超出它们周围邻近的区域。这种现象为干扰的模式提供了说明：在碉堡的走廊或中空处，气味比声音传播得更远。毋庸置疑，这是一种现象学上的洞见，通过经验和历史的相互融合，把鲍罗斯碉堡的往昔生活带入了人们当前的感知体验中。

岩床中的记忆：诺丁汉的地下洞穴

保罗·多布拉什切齐克

　　在 2011 年至 2012 年间，诺丁汉洞穴勘察组（Nottingham Caves Survey）不懈努力，绘制出诺丁汉五百四十多个人造洞穴。这些洞穴至少是从中世纪起开始挖掘，并且深度达到了诺丁汉的天然砂石岩床层[12]。在 20 世纪 80 年代英国地质勘探局的工作基础上，新的勘察采用 3D 激光扫描仪，制作出"完整的洞穴 3D 测量记录"。这项勘察既是长期"诺丁汉洞穴复兴计划"的一部分，也成为考察诺丁汉地底最新方法的起始点，从而使洞穴作为旅游景点和"独特的历史资源"得到推广[13]。

　　诺丁汉地下数百计的洞穴一直以来担负着各式各样的功能，目前有些作为商业用途，许多成了酒吧的酒窖，而另一些则成了诺丁汉 17 世纪城堡

诺丁汉地下洞穴群三维地图的一部分

地下"洞穴之城"旅游景点的一部分。其余的功能还包括从前的地牢、粪坑、制革厂、麦芽窑炉、隧道、酒窖、砂石矿坑、防空洞、鸽舍，或许最意想不到的是作为保龄球馆。另外，家庭洞穴也多到数不胜数，例如"莱顿隐居处"（Lenton Hermitage）、托马斯·赫伯特（Thomas Herbert）的洞穴，以及皮尔街（Peel Street）洞穴等。在 2011 年至 2012 年考察期间，考古学家游说诺丁汉当地居民，允许他们进入家中的地下洞穴中考察。的确，勘察组对任何切入天然砂岩中的空间都饶有兴趣，他们并不受限于洞穴构成的严格定义。考察的目的在于试图在诺丁汉的砂石岩床中，建立起人为干预的复杂连接。随着时间的流逝，这种方法将地底城市本身开凿与切割开来，并与都市的地面世界交织在一起。这些家用的地下世界存在已久，暗示着诺丁汉的历史记忆以独特的（洞穴）形式日积月累，而这正是这次考察和复兴计划力图揭示和开拓的内容。当然，这种方式有可能导致这里的记忆变得同质化，而成为某种"遗产式"观光胜地，即它们高度的多样化将被减轻，并成为简化的、迎合游客的景点。

　　或许为了回应这种可能性，2012 年，由艺术家乔·达科姆（Jo Dacombe）和策展人劳拉·杰德·克利（Laura-Jade Klee）设立的"横向"计划，力图将各种不同的历史记忆灌输到诺丁汉的洞穴中。借由 2013 年 9 月举办的互动式艺术活动"从地下世界走过"，这个二人组"以场所、身份、社团和想象力为根基"[14]，导览了一系列参观洞穴的徒步活动，通过将故事叙述与装置艺术相结合，使这些洞穴充满了富于想象力的事物。为此他们充分利用了诺丁汉的历史神话故事，例如罗宾汉传奇，以及更加主观性的"遗迹"，包括"洞穴神话的录音"、"神秘文字的卷轴"和"洞穴野兽的传单"[15]。这类富有想象力的地下空间解读以及他们所唤起的历史记忆，与处理文化遗产的方式并非冲突（实际上，"横向"计划的一部分得到了诺丁汉洞穴勘察组的支持），但它们却强调了一个事实，即地下记忆是个思辨的主题：既极度开放又混杂多样，而人们也可以通过消减，而非宣扬这种开放性来操控它。

铭记地图：开普敦的普雷斯特维奇纪念馆

金·格尼

　　普雷斯特维奇纪念馆（Prestwich Memorial）建筑群位于开普敦时髦的德沃特坎特（De Waterkant）区，它第一眼看上去给人的印象反差极大。它的公共广场上矗立着一座彩虹色的拱门，上面写着"这是个美丽的地方"，而旁边的长凳上坐着个流浪汉，他正在翻拣着黑色的垃圾袋。在纪念馆建筑群内有个低调的入口，它标志着此处正从喧嚣的咖啡馆和众多信息告示板，过渡到幽静的地下空间。穿过只到髋部高度的入口，沿着一条狭窄的斜坡通道从高墙之间一路而下，来到双重厚的巨大门扇前，它挡在藏骨堂的入口前。大门格栅的后面，摆放着成排的木架子，上面存放着编了号的档案箱，里头装有大约两千五百名奴隶和殖民地底层民众的遗骨。

　　这些遗骸大多数采集自无名塚，2003 年开发"绿点区"（原先被称为"第一区"）的时候被发掘。在 17 世纪殖民地早期时，这一地区既是基督徒的坟场，也是奴隶和被驱逐的南非科伊桑人的葬身之地（他们常被埋在这里的无名塚）。到 19 世纪 20 年代，该地区被再次分割并出售。而后来的种族隔离那些年，强制性的开挖又增添了此区的苦难沧桑历史。21 世纪初，经过多次争论后，普雷斯特维奇纪念馆在挖掘地点附近修建起来。当时，由于人类遗骨的测量研究被禁止，这些骨骸的命运仍饱受争议，正如一些访客的评论："没有人该被这样示众。"还有人补充道："我认为用照片就足够了。"当然也有态度积极的，其中有一位就说道："这令我产生不同角度的思考。"

　　到底谁有权利代表这些死者，这个问题难以回答。有些人建议，人们都应当分享这些死者的故事，正是置之不理的计划才会失败[16]。然而对普雷

开普敦的普雷斯特维奇纪念馆室内

斯特维奇纪念馆来说，还有更多的利害关系："展现死者的遗骨，这一时刻沉没的事物将重新闯入视线。"对这些死者的研究成为某种鬼魂的考古学形式："聆听遗骨、发掘遗物、重审档案——这些活动既是为了表达悼念、安置记忆，也让开普敦和南非成为灵魂的归属，并宣告人们在后殖民时期城市的居住权。"[17]

目前开普敦市政当局负责维护这座纪念馆，为了保障藏骨堂的安全，纪念馆只在特定的条件下才开放。据说，藏骨堂的主要功能是给那些曾经埋在无名塚里的死者一个最后安息之地，为他们的遗体找回一些尊严，同时为游客提供了解开普敦起源的历史视角。我参观此地时，馆长恰好在场，因此我得到允许进入藏骨堂内参观。我穿过那扇巨大的门，经过一排排的箱子。这里的气氛很低迷，地面交通往来的嘈杂声被这地下空间减弱。

沿墙摆放的箱子都带有标识符，看上去每个都一模一样。拱顶天花板上挖了几个棺材形状的小天窗，和外面通道上的如出一辙。通过狭长的侧窗，外面生机勃勃的世界正一闪而过。藏骨堂内部的走道有着奇怪的角度：走道向下通往中心处，使人产生身临其境的感觉。在拐角处，它又再次向上，通往出口的门。我在 U 形回转处停下来整理思绪，此时，头顶上"真相"咖啡馆内老顾客发出的伴唱声，透过藏骨堂厚厚的墙体传入耳中。

　　离开纪念馆后，我投身于眼前日常街景的洪流中，这里的居民却早已忘记了地下的遗骨。纪念馆的砖砌外墙上覆盖着马姆斯伯里页岩石外表皮，石材是从开普敦附近的滨水区挖掘而来，从建筑上反映出墓地围墙过去是如何建造的。而在更深处，这里却没有任何对遗迹的单独叙述，唯有游离在记忆和遗忘之间的模糊空间。

地下的云端：中国香港数据中心

卡洛斯·洛佩兹·高尔维兹

　　一个充分适当的规划政策框架、一笔地下开发计划基金，外加一个洞穴军械所，将合力把中国香港打造成亚洲首屈一指的"世界城"。奥雅纳 (Arup) 公司在《加强香港地下空间使用》的可行性研究中提出了以上观点。作为世界上最大的土建工程公司之一，奥雅纳公司参与负责过许多标志性工程，包括巴黎蓬皮杜中心、北京国家游泳中心（水立方）和伦敦希思罗机场 5 号航站楼。2012 年，奥雅纳公司受中国香港特别行政区政府委托进行这项研究，

中国香港数据中心提案的环境评估示意图

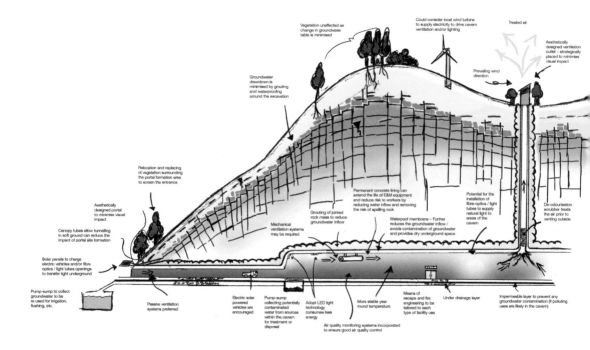

不仅标记了五个可能成为"战略性洞穴区域"的不同选址，包括狮子山、摩星岭、屯门、沙田和大屿山，同时指出："战略性区域的定义是超过20公顷（50英亩）……并有能力容纳多个洞穴基地。"

这些洞穴基地背后的真实想法，是希望它们能够提供一系列服务，首先提供给政府，之后还会拓展到不同的工业、商业和住宅，毕竟中国香港这座城市土地稀缺，高层建筑的可建用地大部分也已经达到了极限。为此，市政当局可以吸收各个地方的经验，例如，挪威奥斯陆的约维克奥林匹克洞穴会馆和奥塞特水处理设施，芬兰的伊塔克斯库斯（Itåkeskus）游泳馆，加拿大蒙特利尔广阔的地下行人路网和购物中心，新加坡的地下军火库（2008年完工），赫尔辛基2009年引进的"地下总体规划"，还有荷兰阿纳姆（Arnhem）和兹沃勒（Zwolle）的"无约束性分区规划"，该规划将地下划分为三层开发区，分别为建筑、交通运输和地下水资源。

数据区是世界上任何一座城市的中心，无论是大型的或是其他类型的数据区。中国香港特别行政区正尝试使用旧厂房作为大型数据中心，部分是为了吸引 IT 产业进驻城市。而大型、安全、可靠的数据中心，只能从一大批银行、律师事务所、保险公司和其他涉足中国香港的金融机构中补充数据并获得收益。地下数据中心则能够提供地面同类型设施所无法提供的服务：看上去近乎密封的环境可以隔绝入侵者以保障数据安全，免受自然灾害或恐怖事件的侵袭。

成功的先例包括挪威的格林山，以及堪萨斯州的"地下都市（Sub Tropolis）"和洞穴技术中心。至于中国香港，可能很快就会成为诸如"亮边对策（Light Edge Solutions）"这类公司的亚洲中心。"亮边对策"是一个云服务提供商和咨询公司，已对"地下都市"投资了5800万美元。对我们的日常生活至关重要的信息，例如你维持的博客、刚上传到社交媒体网站的照片，都建立在可认知的虚拟"云端"之上。我们都知道，云端可以随我们一起移动，至少跟着我们的设备移动。

不过随着中国香港和其他地方地下数据中心的发展，我们或许也会思考，云端与地下空间之间的关联。它们之间的频谱，一端是随时随地获取我们所需全部信息的理念，而另一端则是冰冷、安全，且据称坚不可摧的服务器，储存在遥远、深藏的地下某处，除了管理员没有任何人可以进入。当然，这种发展也促使我们思考，"怎么样"或"什么地方"才是安全的？而雨水是否也会落在那"云端之城"？

历史之镜：柏林水塔

马修·甘地

在柏林普伦茨劳贝格（Prenzlauer Berg）的前东德（DDR，德意志民主共和国）辖区中，有一座引人注目的水塔，距离科维兹广场（Kollwitzplatz）的大众酒吧和餐馆仅一街之隔。这座奇异的砖砌圆形建筑可以追溯到 1877 年，上面有许多成对的有如眼睛般的窗户，俯瞰着街道。水塔的附属建筑和地下室所形成的网络，组成了柏林现代水利基础设施网的一部分，逐渐取代了成千上万、星罗棋布于整座城市的水井和水泵[18]。从 19 世纪 50 年代开始，公共街道层面上与水的社会互动，逐渐被一系列技术网络所取代，包括一些地下供水工程，可把水逐步输送到现代化公寓的垂直室内空间中。这项技术只有在基础设施遭到大规模破坏时才得到使用，当时第二次世界大战即将结束，支离破碎的柏林重新启用了早期的水泵和不稳定的水资源。尽管水塔综合设施被设计为具有专门用途，但在历史上的不同时期，它的不同部分都曾被挪作他用。例如 1916 年时，其中一间机房被当成厨房，以帮助解决战时的贫困和营养不良问题。1933 年 2 月至 6 月期间，有间主机房和拱顶地下室被纳粹党卫军当作刑讯室，而附近一座建筑则改成了纳粹时期的第一个集中营，厚厚的砖墙用来阻隔里面实施暴行时发出的声音[19]。1933 年 6 月，这间曾经发生过多起暴行的主机房，又被改成了纳粹党卫军的餐厅兼休息室。到了 1935 年，为了给即将于 1937 年 5 月开放的公园空出地方，这间主机房才被拆除。1946 年，随着第二次世界大战后的重建，水塔周围的大部分土地都被用于食品生产，其中一栋建筑还被改成了幼儿园，并一直留存至今。

1952 年，水塔丧失了功能作用，场地沦为建筑古董和技术遗产。在前东德时代，废弃的水塔成为年轻人聚会或者游行的出没之地。例如，它常出现在格尔德·丹尼格尔（Gerd Danigel）和尤尔根·霍姆斯（Jürgen Hohmuth）的街拍照片中。在丹尼格尔拍摄于 1983 年的一张照片中，高耸的水塔让下方的人群看起来格外渺小，他们正举着旗帜和标语牌，穿过柏林反对昂纳克（埃里希·昂纳克，前东德最后一位领导人）政权最盛的地区，为前东德庆祝。在 1990 年德国统一后，水塔的地下室变成了文化实验的空间，主题包括非主流戏剧和声音艺术。这栋建筑也成了"听觉艺廊"（Singuhr Hörgalerie，欧洲声学研究网络的一部分）的中心，吸引了数以千计的游客来此参观。此外，就连水塔综合设施中原工人的住所，最近也被改造成了豪华的公寓。

位于柏林普伦茨劳贝格前东德辖区中的水塔

"细菌学城市"中水利社会的理性化，以及纳粹占用隐秘空间带来的有形恐惧，水塔综合设施在这两者之间徘徊不定，借此阐释了现代化的双面性。20 世纪 50 年代以后，作为"后实用主义"时期的使用功能，这座建筑成为濒临消亡的聚集之地；而到 20 世纪 90 年代，它又成为文化实验的场所；最后在 21 世纪，它再次转型成为豪华的住宅。这些演变都进一步阐释了技术空间在向后现代性过渡时，有着变色龙般的可塑性。

这座水塔也提出了一些有趣的问题，包括地上与地下、可见与不可见之间的关系，毕竟它的地下结构与联结，比我们从城市街道上所能看见的范围要大得多。庞大的地窖网络如今延伸到某个小都市公园的下方，水塔仅构成了它的一小部分。从这种意义上来说，如菌丝般的网络从这些可见结构的下方蔓延开来，水塔只是它的衍生物。由此可见，这座水利设施不仅是文化的重写本，同时也是建筑结构的"赘生物"，源自于现代性隐含的空间——物质动力。最为重要的是，这座水塔提出了记忆层

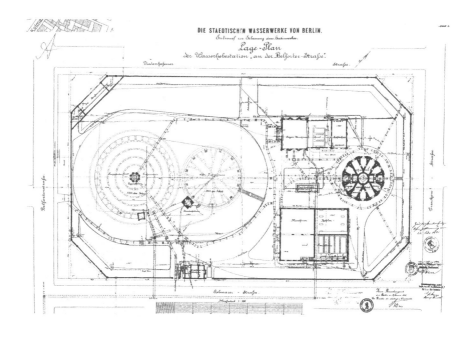

柏林市政自来水厂的总平面图

面和都市历史的地层学维度问题：就在 1981 年，这里还安放了一块牌匾，告知公众此地曾经发生过暴行，而如今，原来机房所在的空间却成了儿童游乐场。

鬼 魂

　　人们对地下世界的记忆往往是多余而不可预知的，其中有一类特殊的表现形式，那就是鬼魂。这些幽灵鬼影证实了前世和今生不可间断的关联性[1]。如同许多恐怖故事证实的，地下空间是魑魅魍魉的出没之地。鬼魂的真实性不亚于它们出没的有形物质世界，这不仅仅是因为有人"亲眼目睹"它们转瞬即逝的真容，也是因为鬼魂空间的故事，已成为大多数城市集体意义的一部分[2]。每个城市似乎都有鬼魂，而它们大多数居住在地下，仿佛地下空间本来就是它们的天然栖息之地。

　　本书的一些篇章讲述了城市地下空间中各种不同的幽灵，包括地下墓穴中的亡魂，以及伦敦地下的"鬼魂"地铁站，还包括布拉格和普罗夫迪夫（保加利亚第二大城市）灭亡政权的幽灵，或爱丁堡地库中俗套的鬼魂之旅。这些幽灵大多数都居住在多个时期并存的地下空间中，现代化进程已将它们从周边随时间流逝的空间中分离。即使整个城市在任何时刻都对这些数不清的鬼魂主动敞开大门（鬼魂的前身正是从前的居民），与地上世界相比较而言，地下空间似乎更坚定、更真心地成为鬼魂的容身之所，这或许是因为在我们的感知中，地下世界能够封存记忆。

　　记忆和城市地下空间之间的关联，通常集中于集体历史（collective history）的创伤性事件中，因此鬼魂往往让人们认同：城市生活中存在着失败、创伤和不公正，且通常是从更为个人的层面加以认同。鬼魂出没与地下物质世界似乎有着难以消除的联系，这也说明在城市生活中，物质空间和精神空间之间存在着强烈关联。哲学家亨利·列斐伏尔认为，归根结底，这类说法源自于古代巫术宗教活动，尽管这类活动可能已从地面城市大量消亡，却依然以物质的和精神的形式，存在于"冥间"[3]。即使许多城市的地下空间与相应的当代地面部分外观相似，例如火车站或购物中心，它们依然可能是那些拒绝被驱逐的、不安亡魂的容身之所。

在伊塔洛·卡尔维诺（Italo Calvino）《看不见的城市》（*Invisible Cities*）一书中，马可·波罗向中国统治者忽必烈如此描述欧萨匹亚城（Eusapia），"诚然，许多活着的人希望死后获得与现实生活截然不同的命运：大墓地中挤满了巨兽猎人、女中音歌手、银行家，以及小提琴家、公爵夫人、交际花和将军，比生时的城市更包罗万象。"[4] 欧萨匹亚是一座"享受生活，逃避烦忧"的城市，之所以成为可能，因为它有一座地下双子城市，在那里死去的人们依然活着。只有"裹头巾的兄弟"允许在两个世界中自由通行，他们不时向地上的人们谈论地下世界发生的变化。他们的故事映射出两座城市，同时也联系了两座城市间的变化，因此，"不再有任何方法可以获知，谁依然活着，谁又已死去"[5]。

闹鬼的空间：爱丁堡的中世纪地库

保罗·多布拉什切齐克

爱丁堡最受欢迎和经久不衰的一些旅游卖点，是众多的"鬼魂之旅"，它们由几家旅游公司争相提供，比如"老里基"和"梅卡"公司。这些鬼魂一日之旅，从爱丁堡著名皇家英里大道上的特龙教堂出发，并由这些公司提供厚颜无耻的低俗鬼故事，如同恐怖片的场景。例如老里基公司，按照鬼魂、酷刑、神秘学、恐怖等关联主题，提供了五条不同的游览路线[6]。由于我有些保守，加上与已有着沉重身孕的妻子同行，我选择了这家公司听上去更无害的"原始地下之旅（Original Underground Tour）"，这次旅行安排游客参观城市南桥下的地库。

爱丁堡地形奇特，有一系列陡峭的山脊、山谷，还有包含着"城堡岩石（Castle Rock）"的崎岖岩层露出地面，加上它作为防御要塞的漫长历史，促使人们在城市街道和拥挤的公寓下方，建造出名副其实的地下蜂巢空间。1513 年，爱丁堡建造了围绕城市的弗洛登城墙，由此引发了由狭窄巷道和高层公寓构成的高密度城市景观，且为了最大化城市居住空间，这些巷道和公寓的地下也被凿空，形成无数个地库[7]。18 世纪到 19 世纪早期，爱丁堡建造了五座巨型拱桥，使得高密度的城市结构再次得到改观，它们横跨山体之间的缺口和之间填平的土地，有效拉平了爱丁堡的多山地形。建于 1765

爱丁堡中世纪地库的通道

年到 1833 年间的这些拱桥，创造出爱丁堡独一无二的建筑空间特征，即由高处阁楼和低处地下室、地库共同组成的垂直城市景观[8]。这种新的分层城市结构，迅速发展成今天典型的维多利亚式的场所意象：极端的社会分化，城市肮脏破败，廉租公寓成为整个社会的缩影。早期的社会改革家，如乔治·贝尔，描述了爱丁堡社会底层的生活条件，光鲜的廉租公寓下有无数个地库，挤满了贫困家庭，大多数是爱尔兰饥荒灾害（1845—1852）后的移民。

迄今为止，这个维多利亚时代的地下世界几乎不复存在，大多数或是在火灾中毁灭，或是在 19 世纪末，作为贫民窟被拆除。然而，南桥（1785—1787）下方的一些地库，仍被如"口哨奶嘴"、"赤裸故事"和"旗手"等店家，作为另类的夜总会场所，或作为仓库使用。此外，在这些娱乐场所背后，其他隧道和地库仍然保留着原貌，并于 1994 年向公众开放，但很快，这里便因为闹鬼和其他超自然现象，变得声名狼藉，还让"老里基"这类旅游公司更有利可图。今天，南桥地库被认为是英国闹鬼最多的空间之一，也激起了许多关于幽灵幻影和鬼哭狼嚎的报道，包括有人目击了几个定居在那儿的鬼魂，如小恶魔、看守人，以及吵闹鬼麦肯齐，而麦肯齐 1995 年来此，似乎已赶跑了前两位。BBC 系列电视节目《我相信有鬼》中记录过，鬼魂猎人的扮演者（早期《伦敦东区人》中的肥皂剧明星）不听劝告，在那儿待了一个晚上，结果在地库的一个房间中，录下了难以解释的声音[9]。

正如所料，我的南桥地库之旅就超自然现象而言一无所获，尽管如此，这仍然是一场令人不安和诡异的体验。首先，我们需要爬上一部楼梯，"向上"进入一栋维多利亚式的公寓，才能进到这个地库，这与一般人所预期的空间定向恰好相反。实际上，南桥地库似乎位于这座建筑内部，而不是在它的下方，似乎处于一些奇怪的、互不连通的空间领域内。其次，这些地库本身让人觉得肮脏污秽，还令人感到幽闭恐惧。回顾闪光灯拍的照片，可见这里的空间腐朽衰败，摆满着"鬼魂之旅"累积起来的肮脏杂物，比如破旧的人体模型和其他染色的道具。一旦你得知其中一间地库，曾一度被苏格兰当代女巫大会当做朝拜场所，即使只是可笑媚俗的刑讯室，也会莫名地不寒而栗[10]。

对城市的鬼魂之旅，例如那些爱丁堡地库之旅，我们很容易不予理会，它们不过是后现代时期城市空间商业化的又一案例，或是最近兴起的所谓"黑暗旅行"的一部分[11]。然而，正如地理学家史蒂夫·派尔提醒我们的，城市中的鬼魂故事，无论显得有多么稀奇古怪或陈词滥调，还是能在城市历史中，"引起一种萦绕不去的效果，唤起对……失败、创伤和不公正的情感认同"[12]。由于人们倾向于将地下空间，例如爱丁堡地库，作为城市过去的遗存加以保护，不仅冻结其发展，并使之与城市现代化分离，因此，它们往往被视作承载了历史的足迹。即使人们把鬼魂的存在嫁接于陈词滥调的鬼故事，或商业化景观，就像爱丁堡地库一样，它们依然是真实城市中重要的一部分。换言之，在不安逝者的城市，亡灵的声音拒绝安息。

探访逝者：伦敦维多利亚时代的地下墓穴

保罗·多布拉什切齐克

地下墓穴是用砖和石建造的地下结构，陈列室两侧的壁凹中，存放着灵柩。在 19 世纪，伦敦共有十座墓园是由地下墓穴构成。第一座于 1832 年建在肯萨尔格林，第二座于 1839 年建在西诺伍德；接着有四座建于 1840 年，分别位于海格特、阿勃尼公园、布朗普顿和南海德；最后四座建于 19 世纪 40 年代至 50 年代，分别位于陶尔哈姆莱茨区（Tower Hamlets）、伦敦市、

伦敦西诺伍德墓园地下墓穴中的棺椁

圣玛丽和新南门。这些地下墓穴对维多利亚时代人们的观念，提供了重要而深刻的理解，这些观念不仅针对地下空间和死亡，同时也针对快速改变的伦敦城市结构[13]。

伦敦地下墓穴的最古老先例，是建在罗马的地下墓穴，其中大多数是2—3世纪时由早期基督徒打造的。而近期最有影响力的，则是1786年建于巴黎的地下墓穴，当时是为了缓解城市墓地的拥挤状况而建，"无辜者墓园"中死者的遗骨被迁至塞纳河左岸地下，而那里原本是地下采石场（见第170页"自上，而下：巴黎地下墓穴"）。从那以后，地下墓穴成为城市卫生改革的一个重要因素，并且许多城市中都建造了藏骨堂，包括那不勒斯、维也纳，而更近期的，就建在洛杉矶天使之后大教堂地下。这些地下墓穴有的利用了既有的地下空间，例如巴黎和那不勒斯的地下墓穴，而另一些则与新的墓地和教堂整合在一起。

伦敦的地下墓穴按照匀质的网格平面建造。陈列室由砖砌拱建构而成，这是伦敦维多利亚时代的标准形式。在西诺伍德和肯萨尔格林墓地，这些拱门被分隔成内嵌的壁凹，拱廊的尽头有深深的切口，使得上方的光线进入地下。在每个拱门内，棺枢可能有不同的安放方式，最常见的是将空间等分成单独的格间，每格安放一具棺材，棺枢沿纵深方向插入壁凹中以节省空间。一些拱门为某个家庭单独保留，至今依然如此；一些则还是空的，从未被使用过。

有些伦敦地下墓穴的重要特征，是设有铸铁液压升降机或灵枢台。通过这一机械装置，棺枢便可从上方的小礼拜堂，降至下方的地下墓穴。棺枢上覆盖着幔帐，隐藏了灵枢台笨重的提升设备，令哀悼者产生棺材降入地下世界的神奇幻觉。这俨然是将最新技术与古老神话相结合，制造出纯粹的戏剧性效果。地下墓穴空间展现了井井有条，甚至自动化的流程，这一流程发生在由砖块、铅和铁构成的无机人工环境中，衬铅的棺枢给人造成遗体不会腐朽的印象，即使这与现实大相径庭，因为大多数棺枢目前已严重腐朽，并受蛀虫侵害。但时至今日，你仍然可以在西诺伍德地下墓穴中，为自己或全家人买个埋葬空间。

伦敦的地下墓穴和巴黎的一样，也曾向公众开放。家族成员和好奇的探索者，定期下到这些空间中，以回访逝者，这显然不是传统的埋葬方式能做到的。地下之旅可将探访者送至另一个世界，尽管这个世界被现代技术严格控制着。今天，大多数伦敦地下墓穴已被封闭，只有肯萨尔格林和海格特，包括西诺伍德的小部分区域，依旧为那些想造访伦敦逝者的人，提供定期探视的机会。

时间的间断：被遗弃的伦敦地下空间

布拉德利·L·加勒特

伦敦地铁（"Tube"），尽管对休闲观光者们来说，外表看上去光鲜亮丽且高效，实际却如同下水道般，不可避免地处于被忽视的状态，游走在废弃的边缘。伦敦的"幽灵车站"藏在地铁隧道的阴影中，数量在全世界地下运输系统中居首位，这是由于高度的空间压力，以及过去150年来不同线路的私有化过程中，发生了一系列弯曲的变化[14]。然而，究竟是什么构成了"幽灵车站"，引发了诸多讨论，这些讨论涵盖于一些学术争论中，涉及关于物质性、记忆和历史之间的模糊领域[15]。据最大胆的估计，伦敦地铁有40座车站，建成之后就被停止使用。而最保守的估计，整个系统有14座完全废弃的车站。关于这些变化的具体信息，以及伦敦地铁内废弃区域的当前位置，我们可以在第二次世界大战后的重建规划和伦敦工人轨道交通图中找到，在乔·布朗的《伦敦铁路地图集》（2009）和J·E·康纳的《伦敦的废弃地铁站》（2008）这两本书中，也有相关信息。

伦敦许多车站已被拆除，它们或重新装修成新的车站，或废弃后无人理会直至衰败。一些地铁站仅仅只是因为彼此建得太近，因而停止使用或完全没被使用过。其他车站的结局则更加戏剧化，例如，1941年在德国人的一场空袭中，白教堂区的圣·玛丽地铁站被夷为平地，尽管站台仍在地下保持完好无损。还有，比如霍洛韦的马尔堡路站和伊斯灵顿的城市路站，都不再设有站台。其他的例子，比如在霍尔本站和查令十字站，一边站台仍在使用，相应另一边则废弃不用了。

下街站是一个特别有趣的例子。这座车站于1907年开放，位于皮卡迪利线上的格林公园站和海德公园角站之间。由于从海德公园角站到这里只有500米（550码）长，因此几乎没有人使用它。除了奥德维奇站，该站是整个系统中盈利最少的，因而在1932年被关闭。而战争使它获得了第二次生命，它被作为铁路执行委员会大本营，后来又成为温斯顿·丘吉尔的战时内阁本部[16]。布朗普顿路站也很有魅力。它和下街站一样，由于停用而被废弃，但

下街站的标识，
提醒擅入者：已
闯入禁地

它也成为保存最完好的废弃车站之一。这里保存着原始的深红色釉面彩陶砖，它们是由伦敦著名建筑师莱斯利·格林亲手挑选的，以及楼梯井中原始的木质扶手，覆盖着经年的尘埃[17]。

　　地铁系统中最著名的车站是奥德维奇站，原来被称为河岸（Strand）站。如同许多其他车站，它在第二次世界大战中被用作空袭掩体，最终于1994年停止使用。在德国人空袭轰炸期间，大英博物馆的收藏品也保存于此，包括埃尔金大理石雕塑。而关于本站最有趣的事情之一，莫过于为了拍摄电影，有一部北线的列车长期放置于此，从1972年起，就这么尴尬地停在皮卡迪利线的轨道上。

　　大英博物馆站则是最神秘的车站。它于1933年关闭，由于售票厅已被毁，顶部还建有全国建筑协会分部，人们再也无法从街道层进入。有伦敦的神话故事提到，已故埃及法老的亡魂逃出了大英博物馆，在这座车站游荡。目前进入该站的唯一方式，是从霍尔本站或托特纳姆法院站沿中央线的轨道步行，或在隧道中停下列车，这样才可到达。

　　尽管伦敦的废弃地铁引起了公众的极大兴趣，大多数车站还是一直处于被弃置并停用的状态。而像奥德维奇站，以及查令十字站的废弃站台，则在恐怖电影《地铁惊魂》（2004）和詹姆斯·邦德电影《007大破天幕杀机》（2012）中作为电影布景。大英博物馆站曾在尼尔·盖曼的电视连续剧《乌有乡》（1996）中出现；此站和奥德维奇站，还曾在电子游戏《断剑：烟之镜》和《古墓奇兵3》中分别出现。奥德维奇站有时也开放给公众参观。伦敦交通局负责维护着废弃的朱比利线查令十字站站台，并专门提供给电影电视公司使用。查令十字站可作为具有当代风貌的布景使用，而奥德维奇站可用作带有时代感的布景，因此，这些车站是否真的被"废弃"，实在令人困惑。

2005年，伦敦银行家艾吉特·钱伯斯（Ajit Chambers）成立了"旧伦敦地铁公司"，这个组织的使命是购买伦敦的废弃地铁站，并将其重建成酒吧、餐馆和住宅，但迄今为止都不成功。2014年，乌克兰亿万富翁德米特里·菲尔塔什（Dmitry Firtash）斥资5300万英镑，买下布朗普顿路站，部分计划是将这里改建公寓[18]，同年他却因行贿指控而被捕。

收养遗骨：那不勒斯丰塔内莱公墓

茱莉亚·索利斯

意大利那不勒斯古老的采石场洞穴中，逝者在诉说着他们的秘密。成堆的无名头骨和遗骨沿着古墓的大厅排列成行。数十年来，当地人来到这里，通过收养和照顾遗骸的方式，与逝者沟通。丰塔内莱公墓位于意大利的一座古城内，它不仅仅是座令人震惊的藏骨堂，直到几十年前，这里还是一个独特、虔诚的礼拜场所。

丰塔内莱位于那不勒斯圣尼塔地区，经由此地，这座公墓就坐落在一个古老的凝灰岩采石场内部，而这一地区历史上曾经是罗马人和基督徒的陵墓所在地。取名"丰塔内莱（Fontanelle）"的意思是，当地有大量地下喷泉造成的开口，使得人们可以开采凝灰岩，作为城市的一种建筑材料。因此，山坡上布满了巨大的洞穴，至今依然被当成仓库、小规模制造和汽车维修场地使用。从17世纪开始，当时丰塔内莱洞穴还在那不勒斯边界之外，由于城市教堂公墓无法容纳，这里庞大的地下空间成为掩埋尸体的集体坟场。

在1656年爆发的一场瘟疫中，那不勒斯有三分之二的居民丧生，这些洞穴收容了无数遗体，超过二十万瘟疫死难者在此安息。其他尸体，通常是来自底层社会的遗体，随后才被送来。他们往往白天在教堂的墓地下葬，并于当天晚上被转移到这个集体公墓，而这种做法在当时不能大肆张扬。18世纪末期，这里一连发生了好几次洪灾，洞穴前部的一些遗体被冲到了城市

那不勒斯丰塔内莱公墓的地下墓穴中，被收养的头骨

的街道上，造成了极大的混乱，社区不得不重新协助安葬。有好一阵子，由于害怕遇到逝去亲人的遗体，附近的一些居民甚至不敢在大雨天出门。1837年这里又爆发了一场霍乱，人们把更多的遗体堆积在洞穴中，随后此处便被废弃了，只不过是暂时弃用。

1872年，神父唐·盖伊塔诺·巴尔巴蒂决定清扫主要的墓穴空间，总面积有4650平方米（50 000平方英尺）。遗骨都被挖掘出来，整齐地靠墙堆放着，顶部则堆放着一排排的头骨。由于人们逐渐把这里看成一处圣地，于是便在洞穴的入口处，建了一座圣母圣衣教堂（Maria Santissima del Carmine）。直到20世纪30年代，这座藏骨堂还可以收容其他墓地发现的遗骨。

公墓清扫整理之后不久，人们陆续开始造访这里，并与其中一些遗骨结为亲友关系。许多人同情逝者，因此顺便一并为这些遗骨祷告，如同为自己的亲友祷告一般。偶尔逝者可能会托梦给来访者，希望以他或她的名字进行祷告，并透露出他们头骨的所在之处。新的看护人于是就能找到逝者的头骨，清扫干净并照看它，或许还会带去一个枕头供它休息，或是带去一只盒子供其居住。人们甚至开始为自己认养的遗骨打造灵坛。有一阵子，教堂外面还出现了街市，来访者可以买到烛台、鲜花、小五金和锡纸，以装饰给遗骨带去的盒子。

由于看护人为头骨的主人祷告，以使他们安心地渡往来世，因而也会要求一些回报，比如保护新近过世的家庭成员，或保佑婚礼圆满顺利，或为生育问题祈祷。那些头骨被清扫干净后，等到有出汗的迹象（其实是冷凝水），则意味着逝者的灵魂会达成看护人所愿。据说藏骨堂的后部有一个特别的头骨，留出的汗比其他头骨更多。而据现任看护人说，直到今天，那些想要怀孕的女人，仍会找到它许愿。

公墓中的遗体并非按照身份，而是按照美感安放。在这里，头骨起到联系门户的作用，存在于现实世界和净化、炽热的炼狱世界之间。难怪头骨会出汗，尤其是当人们最渴望它们完成的任务，是预言中奖彩票号码之时。由于国家彩票在周六开奖，人们会在周五如潮水般涌入公墓洞穴，擦亮"他们的"头骨，祈祷托梦告知他们中奖号码。

这些拜物教徒的仪式令天主教会的领袖感到震惊，但直到1969年，那不勒斯的红衣主教才下令关闭公墓，并停止了这类活动。除了偶尔有游客参观，那些遗骨终于得到安息。在21世纪初，那不勒斯市政府做出了一些努力，恢复了不断衰败的空间，并重新向公众开放。公墓现在可以预约参观，但是收养？唉，再也别想了。

剧变风云：普罗夫迪夫地震学实验室

安娜·普莱尤什特娃

在少数几个案例中，地震学实验室全都位于偏远、人烟稀少的地区，那里很少有背景"噪声"。远离城市和交通干道的振动，使得地震仪器设施能够捕捉到极微弱的信号，包括小规模，或是偏远地区地震发出的信号。然而，谈及研究和教育工作所需的后勤支援，这类地点有着明显缺陷。在这种情况下，位于普罗夫迪夫（保加利亚第二大城市）市中心的地震学实验室，却一直是个特例。不幸的是，其发展受到历史的重重阻碍。

几千年前，普罗夫迪夫市老城中心区，建于七座岩石山上，而这点也为地震学实验室的尴尬处境提供了非常规的解决方法。冷战开始以后，人们穿过普罗夫迪夫坚固的正长岩山丘，挖掘了一些隧道，以便在战争危机时，包括潜在的核战争爆发时，作为避难所和军事指挥部。因此从一开始，这些潮湿的隧道就弥漫着大难临头的气氛。但在1977年，邻国罗马尼亚经历了一场惨烈的地震之后，宣称有1578人死亡，此时多少有些模糊的西方核威胁，很快被更为具体的恐惧，即地壳运动引发的灾难所取代。

20 世纪 80 年代末期，在保加利亚普罗夫迪夫山下的一条隧道中，一些空间被腾出来作为地震学实验室。当时，我父母的一位挚友在那里工作。作为地球物理学者，她负责监控数据，并更换地震仪上的带子，地震仪的触笔将地震波记录在带子上，产生与心电图极为类似的图像。我父母有时会和她一起参观这个隧道实验室。穿过藏在茂盛植物中间的一扇不起眼的门，沿着干燥而明亮的隧道来到山体中心；再穿过六七个有着厚重金属门的上锁房间，这些金属门时刻准备隔离美国人的核弹辐射；最后来到两个房间中，房间很开敞，摆满了实验设备。这个巨大地下空间的一角，正进行着对当时而言有用的工作，而非针对潜在着戏剧性变化的未来。或者也是针对未来？ 2014 年，我采访了当地的一位地球物理学家，他谈到 20 世纪末期地震学的希望和失望，以及它们如何造就普罗夫迪夫实验室的命运：

　　　　当时我们都认为，找到预测地震的方法，只是几年以后的事。罗马尼亚大地震之后，我们得到了所有的资源，因为（政府）希望我们能够预知，下一次地震将在何时何地发生。我们或许能够避免自然灾害给人类造成的巨大损失，正是由于这种希望，

普罗夫迪夫地震学实验室室内

才使得实验室对政客们如此重要。

但是随着即将发明出地震预测方法的希望日益渺茫，政治上的支持和资金也逐渐缩减。不久以后，20 世纪 90 年代到来，剧变横扫东欧。那时候，实验室的旧设备已被搬入地下室，大家期待着接收最先进的苏联设备。然而，1991 年苏联解体之后，新的设备也从未出现。从那以后，地震学实验室的隧道人去楼空，等待着一个新的身份。同时，普罗夫迪夫也渐渐摆脱了过去的特征，例如街道名称发生改变（原先是以英雄的名字命名）、关闭工厂，以及数千人离开了这座城市。此外，普罗夫迪夫的一些地下隧道变成了酒吧和餐馆，还有一处至今仍被民防部门作为训练场地使用。得知曾经的地震学实验室并未能够脱胎换骨，我实在是不确定，2014 年参观期间，还能期待什么。

"我们得顺路去趟市政府，拿回钥匙。因为他们昨天不得不进入隧道，搬走一些旧家具。老的地震学实验室在走道最里面，说实话，我已经有多年没进去看一眼了。"民防部门的工程师说道，冒着夏季的大雷雨，我们飞快地向隧道入口走去。

当他打开隧道的大门时，乍看上去，雨水正渗入隧道中，隧道的地面上已积了深半米的水，至少我能看见的有这么深。"看来市政府的工人弄坏了总水管"，接待我的人一脸不快，他冲进去关掉了水阀。我们脱掉鞋子，蹚水向山体中心和老的地震学实验室遗址前进。

一想到地震，穿过这条阴冷、浸水的隧道就成了一种不安的体验。在深可及膝的积水中，打开电灯，旧电线不时发出噼啪声，只会增加恐怖的感觉。与此同时，在这样的空间中感到恐惧害怕，似乎完全应景，因为正是这个充满着焦虑的时代，造成了这个场所的存在。最后，我们到达了实验室，里面有些破烂不堪的旧设备，就算是在 20 世纪 90 年代，也没人愿意搬去新的地方；还有一个有我年龄两倍大的收音机，和一张几乎不能支撑的椅子。我们周围的一切，游荡在政治与科学议程的陈腐遗存中，未曾实现防止灾难的诺言，却成了政治剧变的幽灵[19]。

防空避难所中的俄耳甫斯：布拉格地下剧院

彼得·吉巴斯

　　俄耳甫斯（捷克语 Orfeus），是布拉格的一家小型独立剧院公司，它潜入地下，当然不是为了追寻欧律狄刻，而是出于必要。由于没有长期固定的表演场所，"我们不得不利用现有条件。"公司的创始人兼长期总监拉迪姆·瓦斯卡（Radim Vašinka）说，"也没有其他地方了。"只能利用一座普通公寓大楼地下室的退役防空洞。在这样的空间中，冷战时期每日弥漫的恐惧，与剧院公司的奋斗历程冲突共生。

　　人民对于战争的恐惧，体现在布拉格许多地方、多种形式的设施中，包括地铁中建造的大规模核掩体，以及常规民防避难所"01050055 号"，也就是这座剧院最终所处的地方。这座小型避难所建于 1953 年到 1955 年期间，其容积为 413 立方米（14 585 立方英尺），在可能爆发的战争中，它计划容纳 120 人。避难所装备有三间旱厕、一间淋浴、两个洗手池，以及一个

布拉格原防空避
难所中，地下剧
院的一部分

大锅炉，还可提供水电。掩体工程由砖和混凝土建造而成，在 2~6 小时内即可装配完毕，且一次可维持运行 24 小时 [20]。然而，在这些铁的事实背后，隐藏着一个真实的空间，充斥着过去人们对未来威胁的想象。的确，在布拉格与前捷克斯洛伐克的许多其他城市中，仍充斥着类似的掩体空间。它们曾经是恐惧心理的地下具体化，如今只是潜伏在建筑与山体之下。

俄耳甫斯剧院公司创建于 1968 年，经历了变革，俄耳甫斯剧院幸存下来。1972 年，喝醉的苏联大使馆官员出席并观看了公司的演出《茶》，这是年轻的天才诗人萨卡·斯马扎洛娃（Šárka Smazalová）的作品，但他们的到来仅仅只是为了谴责公司的煽动性，并导致公司关门大吉，从而不得不转至地下表演。

1995 年，防空避难所退役之后不久，俄耳甫斯剧院就在这里安定下来。冷战已经接近尾声，随之而来的是对核战争的恐惧。因此，俄耳甫斯剧院公司也把新的表演场地，从隐喻的"地下"，搬入真正的地下。最近几年来，尽管避难所已出售给私人业主，但由于有政府资金保障，俄尔甫斯剧院还保留于此，并为今天布拉格资本主义政权统治下的娱乐业（例如 20 世纪 90 年代，在它附近兴建的多功能商业娱乐区）提供了另一种选择。

目前该公司依然在为生存而奋斗，正如古代神话中，俄耳甫斯也未能在地下空间中找到安宁。毕竟，无论是避难所，还是剧院公司的故事，都反映了动荡时局下的地缘政治，先是国家社会主义，继之而来的是资本主义。

恐 惧

  人们对地下空间最为原始、最为持久的一种联想，就是恐惧。换言之，即对死亡的恐惧。死者通常深埋于地下，这为历史上整个恐怖小说的分支流派，从《惊情四百年》（1897）到《僵尸世界大战》（2006），提供了故事发生的空间中心。恐惧也驱使人们对概念性的地下世界做出反应，在此，我们可以感知到疾病、鬼魂、岩浆等不可控制的力量，它们威胁着要上升到地面，并造成极大的破坏。无论是从物质层面，还是从精神层面，要想控制地下世界，都需要举行一场盛大的安抚仪式，即通过宗教仪式，在严格控制的范围之内，承认侵入地上世界的邪恶势力，以限制和引导它们的力量。中美洲的玛雅人，就是以祭祀大量活人而闻名，以此安抚地下世界中的西巴尔巴（Xibalba）众神。

  由恐惧感而来的地下空间中，最为突出的或许是那些回应人类自身威胁的场所。一方面，地下空间虽然壁垒森严，却也通常是暴力发生的地点，从1605年盖伊·福克斯策划的"火药阴谋"案，目标是炸毁西敏寺宫的圆顶地下室，到1995年东京地铁毒气袭击事件，再到伦敦地铁的"七七"爆炸案，都是如此。另一方面，为了减轻地面暴力事件带来的恐惧，特别是常规空战和未来核战争引起的恐惧，整个地下综合体得以兴建起来。

  的确，对地面毁灭事件的恐惧感，导致地堡建筑激增，并逐渐界定了全球城市地下的大部分领域，同时也形成了一个重要观点，城市学家斯蒂文·格雷厄姆称之为"新军事城市主义"[1]。文化理论学家保罗·维瓦里奥在他的《纳粹建造大西洋墙》报告中提出，空中轰炸的发展迫使人们撤退，"进入地球最深处"以寻求保护，因而碉堡在现代战争中，意味着可迁入的地下。按照维瓦里奥的理论，地堡的功能是确保生存，在战争危急时期作为避难所，并使幸存者自我"复活"而重回地面[2]。然而，地堡和避难所也让我们强烈感受到由恐惧所驱动的某种力量，例如可为类似上海的城市在假想的核战争之后，提供百分之一市民住所的基础设施，以及阿尔巴尼亚遗产"混凝土蘑菇"的再利用，都是如此。而这种力量感颇具政治意味，并针对未来被重新定向，与20世纪70年代的设想截然不同。

通过成为恐惧的某种具体化形式，地下空间表明了传统边界正在瓦解，以及地面城市区域全部消亡的黯淡前景。这正是第二次世界大战结束前夕，德国和日本许多城镇面临的现实。在核战争中长期地下生存的前景，遭到了大量质疑，尽管如此，人们渴望拥有碉堡的愿望依然存在，比如《末路浩劫》（2009）或《寻求庇护》（2012）等电影中的末日故事，或是主流美国郊区居民中，为自己和家庭做准备、以防世界末日之战的人数在急剧增加，无疑都证实了这一点[3]。

努力向下发展：斯德哥尔摩的原子弹防御工事

塞缪尔·梅里尔

20世纪50年代至60年代期间，瑞典有时会被称为"努力向下发展的国家"，这是因为瑞典从20世纪30年代末期开始实施冷战民防工程模式，而广泛建造的地下碉堡和掩体工程，就是其中一环[4]。在瑞典最大的城市——斯德哥尔摩，不但人口众多，还以片麻岩和花岗岩为主要地质特征，两者相结合，意味着想要发展这一策略，可以说当地的情况是最为复杂的。

1943年，在斯德哥尔摩的南城（Södermalm，又称"白山"）中心区，派欧能核掩体建于花岗岩断崖下方，地底30米（100英尺）深处。这里作为城市的控制中心之一，由核攻击引发的第一反应，可与全国各地建造的其他类似设施形成网络同步协作。20世纪50年代和60年代，由于政府试图同时解决城市民防掩体和停车设施不足的问题，因此斯德哥尔摩地下工程持续扩建。从1952年到1957年间，同在南城的卡特里娜山地下，建造了一座巨大的三层民用避难所，有足以容纳两万人的空间。这座避难所是国际媒体称为"花岗岩行动"的一部分，而地下建设计划的野心也促使大量碉堡的建造，其规模大到足以容下大部分瑞典海军和空军。1953年，国际媒体成员受邀参观了斯德哥尔摩的"地下城市"，它向世界展示，该国已准备好应对核战争[5]。六年以后，一部名为《去地底一游》（*Let's Go Underground*）的公共新闻片，帮助瑞典民众为地下生存做准备，同时，"花岗岩行动"出现在英国时事电视节目《全景》中，从而在国际上进一步曝光[6]。《全景》的记者以相当嘲讽的言辞结束了他的报道：

> 处于战争中心的瑞典，并不是一个应付战争的强国。近一百五十年来，尽管她置身于战争之外，却天天操练。即便如此，万一她不得不面对一次突袭，或由于氢弹战争的边缘效应而卷入其中，如果她的确能够生存，那为何还要为生存而操练？不过像一只有着坚硬外壳的牡蛎罢了。不过，当今世界没有人知道所有的答案，至少我们可以说，她已开始寻找有自身特色的应对方式。

20世纪60年代中期，斯德哥尔摩地下避难所仍在持续建造，该市诺马尔姆地区的克拉拉民防掩体避难所此时完工，就说明了这一点。到这一时期，

原派欧能(Pionen)
地堡中的数据中心，位于瑞典斯德哥尔摩南城地下
0米（100英尺）
深处

瑞典大约建造了四万三千个避难所，总共可以同时容纳约三百万人，几乎是瑞典全国人口的一半。甚至到 20 世纪 80 年代，瑞典的人均民防预算还是让苏联、英国、法国和美国等发达国家相形见绌，而仅次于另一个中立国——瑞士 [7]。

　　20 世纪 90 年代末期，这些设施大部分都已退役，而那些不具有双重用途的，例如用作停车库的设施，则出租给了第三方。2007 年，瑞典互联网服务供应商班霍夫公司租下派欧能地堡，为了设置数据中心，该公司通过爆破，扩建了 4000 立方米（141 000 立方英尺）空间。班霍夫公司还和建筑师阿尔伯特·弗朗斯·兰诺德签约，重新设计了地堡的室内。建筑师从 20 世纪 70 年代的《007》系列电影中汲取灵感，室内设计最终呈现出未来主义风格，"漂浮的"会议室和悬浮的玻璃走廊成为内部的中心装饰。这些，再加上朱利安·阿桑奇将其作为维基解密文件的临时存放地，使得派欧能一度成为世界上"最著名的和最时尚的"数据中心，还引起了互联网大肆的新闻报道 [8]。多亏最成功的冷战科技——互联网，废弃的冷战时期建筑焕发了新的生命并曝光。如同瑞典地下原子弹防御工事，建立互联网的初衷与规划分散式指挥控制网络的必要性相关，而这种模式将在后核时代发挥作用 [9]。班霍夫公司选择这一地点，尽管主要是被市场条件、宣传价值，以及纯属娱乐的行为所驱使，但这一举动仍然是诗意的，想想吧，在当今世界，核战争威胁已逐步被网络战争所取代，正如派欧能所证明的，地下空间依然具有防御作用，尽管保护的只是信息，而并非人类 [10]。

庇护的生活：上海民防避难所

卡洛斯·洛佩兹·高尔维兹

　　"没有人在里面。"

　　"没关系，我只是想进去看一眼，可以吗？"接着，我们手腕被盖上印章，然后走进去。这是一个夏末周五的晚上，我们来到"旧上海法租界"区。这座避难所是上海夜生活的亮点之一。

　　"不要在晚上十一点以前去那儿。"几位朋友建议道，"要到午夜以后，好玩儿的才真正开始。"

　　"这样至少还有两个小时要打发。"确认了才十点刚过一点儿之后，

我对同事说道。当时我们是仅有的客人。我们点了些酒水，四个 DJ 和一个酒保一直注视着我们。

这个地方如同迷宫一般。建筑的一侧有扇门，从这个入口沿着楼梯向下，穿过迂回的隧道，我们来到了中央大厅。那里有酒吧、DJ 站、一对沙发和巨大的扬声器，而我们六个人站在这儿，期待着夜晚即将带来的一切。第一眼看上去，这里具有一家潮流酒吧的所有元素：光秃秃的墙面，黑暗，潮湿，诡异的红色光线，烟雾。穿过大厅，你可以进入一条走廊，走廊两边连接着两个更宽的空间。走廊里墙面的色彩和质感发生了轻微的变化，水泥墙面变成了棕色和金色的马赛克瓷砖，覆盖着两侧拱状的天花板。

20 世纪 60 年代，由于中苏关系日趋紧张，建造这座地下人防避难所成为全面防御措施的一部分。这项应对措施还包括对其他地下空间的潜在利用，如矿井和地下公共交通网络。在城市中，避难所通常采取拱顶地下隧道的形式，由社区和地区的地方团体建造。至于建造更复杂和更深的地下结构，则需要得到城市和国家机构的支持，它们可以在突发的核袭击事件中，容纳医院、能源工厂和其他首要设施。大部分地下隧道通过人工挖掘。在当时，向下挖掘和建造避难所，或许是人们疏导由战争前景引发焦虑的某种方式。全部地下网络工程跨越全国范围建造，包括位于北京的一座地下城市，据说它长达 32 千米（20 英里）。这些民防计划仍在继续，包括上海最新建造的地堡，它于 2006 年完工，可以容纳近二十万人生存 15 天。在 2009 年的一份报告中，还提到了一条长 5000 千米（3100 英里）的"地下长城"。

上海大量的隧道和避难所，都已被改作非主流的场地和设施，包括作为酒窖、内衣用品店和艺术画廊等。2012 年，有报道陈述："目前，整个上海市有六千多个这类设施，挂有'民防'标识"，而对于一个两千三百万人口的城市来说，这是一个不小的数字[11]。然而，由于通风不良、缺乏水电干线等原因，仅有百分之五到六的隧道可加以再利用。大部分地下避难所从未被人们使用，一直被废弃着，被人们所忽视。而在"法租界"，恰恰是这些被忽视和被废弃的空间，成了最时尚的场所。

这家夜总会的常客是所谓的社交名流们，从前大多是些外国人，现在是一群自我标榜的"雅痞"，其中有许多是中国人，还有些舞技精湛的普通舞者。夜总会的其中一位老板说，这家"避难所"有个规矩：在早起遛狗的老太太撞到喝醉的人之前，把酒吧的人赶出去[12]。我的确曾看到一条无人照料的流浪狗，但连老太太的影子也没见过。从酒吧墙面上跃然而出的，是对形形色色社交名流们的混杂印象，而非这座避难所的社会历史。

远方的掩体：挪威安德斯格罗塔

亨利艾特·哈弗萨斯·特萨科斯

　　1862 年，在挪威东北边缘的瓦朗厄尔峡湾（Varangerfjord），有一片名为芬马克（Finnmark）的区域，人们在两个小水湾之间的岬角上，修建了一座名为希尔克内斯的教堂（"岬角上的教堂"之意）。1865 年，附近的布加内瓦特村（Bjørnevatn）发现了铁矿，但直到 1905 年与瑞典的联邦解散之后，挪威的采矿业才有了较大的发展。1906 年，A·S·赛德瓦兰杰公司在矿区和希尔克内斯镇（这一地区以教堂来命名）之间，修建了一条铁路，并建起了加工厂和一个货运港口。1910 年铁矿开始出口。虽然最初装载铁矿的两艘轮船沉没了，但由于市场对金属的大量需求，公司仍不断扩张壮大。德国是希尔克内斯铁矿的主要进口国，而 1914 年第一次世界大战爆发后，所有的合同和销售都被取消。到战争结束时，德国可进口铁矿的数量受到限制，A·S·赛德瓦兰杰公司也分到一定配额。尽管有这些限制，加上 20 世纪 30 年代出现经济大萧条，希尔克内斯还在不断发展。直到第二次世界大战爆发之后，1940 年德国占领了芬马克，当时希尔克内斯的人口数已增长到大约 7000 人。

在战争时期，由于希尔克内斯是纳粹德国最北边的占领地，且距离苏联重镇摩尔曼斯克不到 150 千米(95 英里)，因此成为德国国防军的战略重地。摩尔曼斯克是苏联北部唯一一个终年不结冰的港口城市，也是卡累利阿铁路（Karelian railway）的终点站，铁路的另一端则开往列宁格勒附近的彼得罗扎沃茨克。在两次世界大战中，摩尔曼斯克都是军用物资运输的重要战略中心。1941 年 6 月，德军从北、南两侧阵地突袭夹击了苏联。在此次突袭前，希尔克内斯已转变成加强的驻防要塞，德军有五十万士兵在摩尔曼斯克前线战斗，在任何时候，都有近十万人在此驻扎。然而，德军在距离摩尔曼斯克 50 千米（30 英里）的利察河（Litsa River），停止了入侵的脚步。在极端复杂的地形和极度恶劣的气候条件下，苏联红军经过 3 年多浴血奋战，迫使德军后撤。在这段时期，希尔克内斯成为苏联空军的头号目标；在第二次世界大战中，希尔克内斯遭到了三百二十八次轰炸，成为当时轰炸最为频繁的城镇之一。

1941 年秋天，挪威工程师安德斯·伊尔伍巴克（Anders Elvebakk）自告奋勇，为平民建造了一座地下防空洞，而这座防空洞就以他的名字命名。它的地下隧道建在镇中心的一座小山上（名为哈格尼斯夫杰尔，Haganesfjell），一共有三个出口。主隧道长约 250 米（820 英尺），从靠近海港的一侧开挖，笔直贯穿山体，通向镇中心。防空洞中央有一个巨大的房间，它通过一些较小的隧道，与镇上人口最密集的区域联系。隧道之上堆垒着 7 米（23 英尺）以上的坚硬岩石。

1944 年 1 月 20 日，这座防空洞开始投入使用，它取代了至今仍被平民使用的地窖。在防空洞中，一些长椅沿墙摆放，先来的人先占，而大多数撤退至此的人（多达几千人）则不得不站着。在轰炸袭击中，苏联空军将火力

挪威安德斯格罗塔，第二次世界大战防空洞的地下入口

集中在战略目标上，但由于德军把营房建在民宅之中，因此许多民宅被炸毁。

最惨烈的袭击发生在 1944 年 7 月 4 日，当时一百四十栋民宅化为灰烬。当家园被夷为平地之时，大多数希尔克内斯的居民在这座防空洞中躲避了四小时，因此，尽管轰炸非常残酷，但没有平民丧生。由于大部分城镇都遭到毁坏，人们只好移居到附近的布加内瓦特村。10 月 10 日，德军撤退已成定局，他们执行了焦土战略，烧光了苏联未炸毁的所有东西。与此同时，在布加内瓦特的地下矿坑中，一千多平民躲在 500 米（1640 英尺）深的隧道中避难。当红军与德军在地面厮杀之时，他们在隧道中生存了十天。1944 年 10 月 24 日，德军在隧道洞口内引爆了一节满载炸药的火车厢，所幸爆炸并没有危及躲在隧道深处避难的平民，矿坑的入口也没有崩塌。这是红军解放希尔克内斯之前德军实施的最后暴行，而希尔克内斯也成为挪威最先被解放的城镇。至此，希尔克内斯的民宅已破坏殆尽，因而安德斯格罗塔（Andersgrotta）成为红军和镇上代表谈判的地点。四年多来召开的第一次民事会议，也于同一天在这座防空洞中举行。

在希尔克内斯镇中心，就在防空洞的正上方，有一座为红军战士们设立的纪念碑。这座碑立于 1952 年，最初打算刻画成一位战士脚踩老鹰的形象，因为老鹰是纳粹德国最突出的象征。1949 年，挪威成为北大西洋公约组织（NATO）成员国，而老鹰也是其主要同盟国——美国的象征，鉴于相继而来的冷战，为避免象征意义产生的误解，老鹰便被移除了。纪念碑最终的版本中，战士只是踩着一块岩石在休息。

挪威安德斯格罗塔一直作为防空洞使用，直到 20 世纪 80 年代初期，目前则已成为旅游景点对公众开放。今天人们造访它时，仍可以深深感受到，这座地下防空洞曾经是多么的阴冷和原始；而当时人们挤在这样的避难空间中，炸弹就落在他们头顶上方的家园，想想他们内心的恐惧感受，比之防空洞本身的险恶感，同样强烈却更加深不可测。

国家防御：瑞士国家堡垒
大卫·L·派克

当我来到瑞士阿尔卑斯山下，为防御网的其中一个入口拍照（作为本书的插图），有个男人开车过来，告诉我这么做是违法的。而他非但没有逮

捕我，反而邀请我到他家做客并共进午餐，他还塞给我一堆介绍地下防御网的小册子和书，而这些才是法律允许我知道的事。这种保密和公开相结合的方式，完全是瑞士人对待国家军事和民事防御网的做派。正如散文家约翰·麦克菲在《瑞士协和广场》（*La Place de la Concorde Suisse*，1984）一书中提到："有一天，总参谋部的一位陆军上校对我说，'关于国防工事，我们守口如瓶，不要问我这个话题。但是睁大眼睛仔细看，你或许会有所发现。'"[13] 在全世界范围最广的防御网中，"格吕耶尔干酪"（Gruyère，一种多孔的法国奶酪，亲切地以其命名）防御网，可以在战争侵袭中庇护整个瑞士军队。此外，这个国家的建筑、城镇和高速公路下面，可以庇护所有的平民百姓。虽然瑞士议会经常为此争论不休，但是依照法律规定，瑞士所有的新建建筑物还是需要修建避难所。

瑞士要塞防御的国家特色，伴随其地理的拓展而逐渐明晰，这也是1940年由亨利·吉桑将军提出的"国家堡垒"概念（"缩减的国防"或"缩减的阿尔卑斯"，"Réduit national" or "Alpenreduit"）。吉桑的决策颇为激进，他"减少"了瑞士的防御，使其形成由地形界定的要塞飞地，容许丧失中央高地国土，以打造事实上"欧洲最大的要塞"[14]。通过阻断南、北两个方向的通道，这座堡垒起到双重"马其诺防线"的作用。进一步通过向山体内部深挖，创造出能够驻防整个军队的庇护堡垒网。至于到底有多少瑞士平民，能够同时撤退到这个巨大的堡垒中，仍然在争议当中，这也是一个重要的问题，因为这种撤退策略迫使牺牲中央平原区域（Mittelland），也就是大多数瑞士平民居住、工作、务农和生产的地方。

随着20世纪60年代初期冷战来临，瑞士通过立法规定，堡垒成为遍布全国的避难所和民兵系统的有力补充。堡垒一直是瑞士国家防御神话中的焦点，同时也是对任何地面侵袭（无论是原子弹或是生化武器）的威慑。但是民事防御的更宽泛目标在于，无论一个人身处何处，小到个人家中精致的私人避难所，大到世界上最大的核避难所（即卢塞恩附近的索南伯格隧道，现已被拆除）都能够幸存。索南伯格隧道可以同时容纳二万人，还装备齐全，包括有卧室区，1.5米（5英尺）厚的门，精密的空气过滤器，一所监狱，以及军队在这一范围内指挥国防时所需的一切[15]。直到冷战末期，对避难所系统的态度明显分成了两派，即军国主义右派和和平主义左派。如知名作家弗雷德里克·杜伦·马特和马克思·弗里斯克，就跳出来强烈反对避难所社会的整个概念，而在伊格尔·尼旦（Igaal Niddam），让·马克·洛维（Jean-Marc Lovay）和让·吕克·德拉鲁（Jean-Luc Delarue）创作的小说和电影中，则用

瑞士阿尔卑斯山中，国家堡垒的入口

避难所作为基本概念框架，表达对瑞士社会的讽刺批评。

由于有数量众多的避难所网络仍在使用中，迄今为止，瑞士地下旅游业的再开发和创造性再利用，并不如其他曾经防备森严的地区积极，比如阿尔巴尼亚、德国、美国，以及中国金门和马祖地区。2009 年，概念派艺术家孪生兄弟弗兰克·利克林和帕特里克·利克林（Frank and Patrik Riklin）以及丹尼尔·沙博尼耶（Daniel Charbonnier），在瑞士图芬（Teufen）的旧碉堡中，开了一家廉价的"零星级酒店"。虽然该堡垒的建筑环境是世界上最活跃的，但是它的政治基础仍被美国伦理学家伊莱恩·斯卡利（Elaine Scarry）引述为："'逃生权'（或'生存权'）在核时代依然是可想象的，这座堡垒就是我们拥有的少数证据之一。"[16] 实际上，斯卡利暗示了应急准备是有组织社会的一个基本要素，这种要素还先于民主制度出现。瑞士的地下空间在经历冷战后依然活跃，启示了我们处理存留于世界各地的堡垒建筑遗迹的不同方法。

战时的地下空间：伦敦第二次世界大战中的地堡

保罗·多布拉什切齐克

在地面世界遭遇危机时，尤其在战争时期，地下空间的重要性越发明显。当城市遭到毁灭性威胁时，地下空间就被调配成为避难、隐蔽和生产的场所。1941 年到 1942 年伦敦闪电战期间，人们对城市地下空间的一般联想，如黑暗、危险和死亡等，发生了剧烈转变。在这一时期，大量民众涌入了日常的地铁，寻求庇护与安睡之地。与此同时，城市地下开挖了新的隧道，以容纳军需品和工人，包括地铁北线下方的一系列堡垒。此外，政府部门修建地下室，作为军事行动之用，连教堂地下室、地窖，甚至空的棺材，都被用作临时避难场所[17]。

1939 年，"内阁作战室"（今天深受欢迎的旅游景点）建于白厅财政部（英国伦敦）地下，并在整个第二次世界大战期间保持运转[18]。事实上，它们接替了另外一组作战室，那些作战室建在伦敦西北面的多利斯山，代号为"小牧场"，至今仍每年对外开放参观两次[19]。由于政府偏爱更中心的地点，包括废弃的下街地铁站（参见散文《时间的间断》），于是在 1939 年弃用了"小牧场"，但是直到 70 年以后，它依然保持着原状。与参观"内阁作战室"（包

"小牧场"：伦敦多利斯山下，温斯顿·丘吉尔的备用作战室

括它的地下咖啡馆）的舒适体验完全相反，参观"小牧场"时令人感到很不安。半个多世纪以来，它一直都空荡荡的，天花板顶上现在悬挂着钟乳石，成堆的垃圾和泥土堆满了曾经一尘不染的房间；而家具正在腐朽，金属则任由生锈。少了参观内阁作战室时讲给游客的安慰故事，"小牧场"的空间呈现出噩梦般的、诡异可怕的特征。原本设计为容纳设备的房间，现在空空如也，奇形怪状的空间逐渐没入黑暗之中。而那个年代留下的遗物，如20世纪70年代的可乐瓶和灭火器，则述说着非法探险的其他故事。如同冰封的过往一般，"小牧场"的空间和遗存暗示了凋敝的未来，而这个地方一直没能成为它曾经意味的场所。

事实上，由于古怪的时间特质，"小牧场"的地下空间自从第二次世界大战以来，更类似于电影和电视中以末世后幻想为特征的空间。"小牧场"的空间似乎在述说着一场尚未降临的灾难，就连地下空间也不再安全而难逃毁灭。末世后题材的电影，例如《火线》（1984）、《活死人之日》（2007）和《末日危途》（2009），都提出了世界灭亡的不同原因（分别是核战争、僵尸和来历不明的外星侵袭），但这些作品都表明，地堡或许是人类从末日毁灭中幸存的可行方式。然而，在所有对未来的悲观想象中，地下空间作为安全的场所，最终都被或是地上末日毁灭的终极力量，或是地下社会的崩塌所压垮。我们体会着"小牧场"的腐朽空间，它深刻地提醒着我们，地下空间既非安全的避难所，也非绝对免于毁灭的场所。与白厅地下干净整洁的内阁作战室形成对照，"小牧场"的衰败未来向我们揭示，人类的狂妄自大将会造成怎样的后果。

"乌龟"、"橙子"和巨型隧道：阿尔巴尼亚的防空堡垒

大卫·L·派克

阿尔巴尼亚的巨型碉堡建于20世纪70年代中期，历经十年之久，很难想象，还有比它范围更广的地堡。恩维尔·霍查规划建造了七十五万座碉堡，在当时的阿尔巴尼亚，平均每四个居民就可分得一座。而实际建造的数量范围，估计从十万座到足足七十五万座之多。碉堡分三种尺寸建造：第一种叫"单发（Qander zjarri）"，俗称"乌龟"或"混凝土蘑菇"，这种小屋式碉堡只够一个配长枪的人容身，形状像座冰屋，以花岗岩打底，用钢筋混

凝土建造，并用十三层钢材加强；第二种名为"火力点"，俗称"橙子"，这是一种足以容纳大约十二个人的大炮碉堡，由混凝土楔状物集中组成一个圆顶屋顶；此外，还有更大的专用碉堡，它们建在山上，用于储存军需品和容纳更大规模的军队，并且往往与隧道连接。第三种碉堡，大多数整合了早期的防御工事，例如苏联在波尔图·巴勒莫海湾建造的秘密潜艇基地，或是中国人设计的飞机库，当库门滑动打开时，飞机可以在巨型隧道内部起飞或降落，带有詹姆斯·邦德式风格。尽管这种碉堡空间显得更为壮观，但它们在阿尔巴尼亚的物质和心理景观中，与几乎无处不在的"橙子"和"乌龟"相比，只是很不起眼的部分。建造这些碉堡总共耗资三十亿美元，使用的原材料是法国建造马其诺防线的两倍，此外，全国各地的工厂用了超过十年的时间专门建设这项工程，全体市民都要承担维护碉堡的责任，每年还要接受使用碉堡的培训 [20]。

根据新闻记者比尔·芬克毫不留情却相当中肯的措辞，阿尔巴尼亚人即使只是成功地用成千上万个"粪团"点缀了景观，他们对此仍抱着刚愎自用的傲慢心态 [21]。然而，更令人匪夷所思的是，碉堡如同它们所破坏的险峻壮丽的景观（否则这里将形成一些欧洲保存最完好的自然景观），形成了阿尔巴尼亚人和外部世界的联系纽带。阿尔巴尼亚已经和从前的盟国断绝了所有关系，在不同时期包括苏联、铁托统治的前南斯拉夫和中国。建造碉堡表明了阿尔巴尼亚退出世界舞台的决心，并拒绝以其他任何更直接的形式互动。所有的碉堡多少都意味着对外部世界的某种拒绝，但霍查方案的规模之大、程度之高，的确史无前例。今天，这些碉堡继续调和着阿尔巴尼亚和外来者的关系，但由于这个国家长达数十年的孤立，因此它们也意味着不可逾越的经验鸿沟。碉堡提供了苍白却有说服力的证明，它们证实了本国人民独一无二的成长经验，而它们逐渐被视作国家人文景观的一部分，也暗示了阿尔巴尼亚与外界的鸿沟正在缓慢合拢。

20世纪90年代，由于人民对霍查长期统治的猛烈抨击，可想而知，霍查部署的碉堡也被主流赋予了负面的形象，包括伊斯梅尔·卡达莱（Ismail Kadaré）的小说，与库吉提姆·卡什库（Kujtim Çashku）的暗黑讽刺电影《上校碉堡》（1996）。正如卡达莱在一则寓言故事中比喻道，埃及金字塔的建造是政治统治下的行动，"（正在）建造的不只是几千座，而是几十万座（小金字塔）。它们被称为碉堡，而每一座碉堡，无论相较之下有多小，都传递着"金字塔"之母内心激起的所有恐惧和疯狂" [22]。卡什库的电影也制造了类似的阴暗论调，他运用历史剧的形式，严厉批评了阿尔巴尼亚"碉堡化"

阿尔巴尼亚比利
什 特（Bilisht）
改造成酒吧的
地堡室内（摄于
2011 年）

造成的人性丧失。

21 世纪的全球资本稳定流入阿尔巴尼亚市中心和海滨度假胜地，例如地拉那、发罗拉、杜拉斯等。资本为拆除大多数碉堡带来了充足的经济动因；而在阿尔巴尼亚其他地区，由于更缓慢和更不均衡的发展，使得"适应性再利用"蔚然成风。碉堡的特征总是能派上用场——它们坚固、耐久，呈圆形，并能提供庇护和安全，而这些特征也适用于阿尔巴尼亚人的当代居住空间。在海边，人们或许发现了美学趣味最一致的碉堡。看着那些被粉刷喷涂过的碉堡，其美学意味最明显不过，暗示了人们既欣赏碉堡的奇特形态和不受欢迎的姿态，也渴望将它们建成更适合休闲娱乐的空间。这些碉堡淹没在海水中，长满了海草，或沿着登岸码头和海堤排列，它们的形状与周围的石头相互呼应，古怪的空间造成了供游泳者和潜水者休息的壁龛和座椅。

近来已有证据显示，阿尔巴尼亚人和外国游客一样，开始有意识地欣赏大量现存碉堡提供的创意潜力。"混凝土蘑菇"计划，致力于"阿尔巴尼亚七十五万座遗留碉堡的再利用"，并将碉堡及其物质可见性作为唤起人们更广泛注意力的方式，以呼吁人们关注"领土转型和发展策略"等议题，这是由于阿尔巴尼亚重新融入欧洲其他国家的程度比以往更高，并受制于外部资本压力 [23]。景观建筑师埃利安·斯泰法（Elian Stefa）和盖勒·米迪（Gyler Mydyti）注意到，游客青睐的景点例如山区、海滩和城镇郊区，那里的碉堡具备优势，并对游客产生吸引力，于是提议将它们发展成为全国性的公共设施，以推广和支持旅游业。无论是对来自国外的新生代游客，还是对年轻的阿尔巴尼亚人来说，他们都试图通过重新恢复和解读国家文化遗产与欧洲其他国家接轨，而碉堡则成为过去和未来之间崭新关系的恰当象征，尽管它们依然令人感到不安。

地表下的恐怖行动：东京地铁

马克·彭德尔顿

　　在一个灰暗、潮湿的东京早晨，我登上同样灰暗的日比谷地铁线，前往中央政府机构所在地霞关。这一天是 2009 年 3 月 20 日。当我踏上列车时，看到地板上有一滩液体。忽然间，我感到惊慌失措。因为外面正下着雨，我安慰自己这不过是水而已。但如果不是呢？如果就像十四年前的这一天，这液体是别的什么呢？会不会又是液态沙林毒气？我稍稍镇定了一下。对我来说，1995 年 3 月 20 日发生的毒气事件还很遥远。没想到初来乍到这个国度的第三天，我几乎还不会说日语，就留下了困惑、混乱和惊慌失措的模糊记忆。而对其他许多人来说，当天的记忆更令人不安，以致于潜意识里他们无法再踏上地铁列车，他们的一生或多或少都因地铁中失败、痛苦和愤怒的瞬间记忆而陷入困境，并纠缠不清。

　　2009 年那个潮湿的日子里，我前去参加东京地铁毒气事件十四周年纪念仪式。在这起事件中，由于奥姆真理教教徒沿地铁网释放神经毒气，造成 13 人死亡，超过 5500 人受伤。这次恐袭事件的规模和暴力程度，显著改变了东京居民和地铁的关系，它不但将个人的创伤记忆与日常活动联系在一起，还暴露了日本在第二次世界大战后关于都市安全和社会凝聚力的神话，正在一连串急速瓦解。

　　东京地铁（Chikatetsu）是个错综复杂的铁路线网络，在城市地下纵横交错，其运营历史可追溯到 20 世纪 20 年代晚期。东京居民早已达成建设协议，将地铁作为引导与城市互动的重要方式；但直到第二次世界大战后经济繁荣发展，才促使地铁网的大规模延伸和扩张[24]。地铁曾被认为极其安全，能够避免不时影响地面铁路网的重大事故，如 1963 年发生的鹤见事故，当时造成 161 人死亡。地铁网的地下特征在许多方面都带来这种安全感；地铁的"地下特性"，使其能够在地底的空间和概念领域内保持运转，而这些领域有别于时而混乱的地面城市风格[25]。但在 1995 年，一切全都改变了。

按照小说家和社会评论家村上春树的说法，1995 年的地铁毒气事件，连同几个月以前以神户为中心的阪神—淡路大地震，都显示出地下空间在日本，无论是字面上还是隐喻上，都是暴力的根源。村上春树形容这两起事件，"如同一次巨大爆炸的正反两面……如噩梦般从我们脚下（从地下空间）爆发，将我们社会潜在的所有矛盾和弱点，抛向地面高处"[26]。不论是国家还是社会，都未对这两次地底爆发的事件做出充分反应。政府对神户地震的反应，被批评为缓慢和无效，而许多人批评当局未能辨识出奥姆真理教的潜在危险，毕竟这个教派早前就曾参与暴力行动。地震和毒气袭击这两起事件，使潜藏于日本第二次世界大战后经济繁荣下的一系列社会问题浮出表面，包括青少年疏离，因墨守成规、就业和家庭造成的社会压力，以及当时已全面推进的新自由主义经济和社会改革等。到 1995 年，日本已从一个富足的、（表面上）安全和稳定的社会，逐渐变成一个分裂的衰退国家。

地下空间通常会影响日本人的生活。这个国家位于几个地质构造板块

东京地铁的不明液态物质

的交叉点，意味着地底世界必然对其文学、文化、政治和日常生活产生冲击。回首过去的 20 年，尤其是回顾 2011 年 3 月 11 日发生的三重灾难，当时由九度地震引发海啸，进而引发福冈第一核电站的重大灾害，探索日本人与来自地底暴力的关系，其重要性已不言而喻。

安 防

当然，试图减轻对地底的恐惧，最重要的是努力保护地下空间的安全。然而，学者和评论家仅仅只是刚开始研究它们。地理学者斯图尔特·埃尔登曾强调，安全问题往往集中于面积，而非体积："国家领土相互接壤、相互分离和相互区别，但就深度和高度而论，并不为人们所理解。"[1]生活空间是体积的空间，是对现实的体验，垂直性和水平性同样重要，而许多城市的表达形式，例如传统地图，都无法捕捉现实，更不用说表现了。

事实上，城市地底通常与危险、冒险和违法相联系，因此人们有过许多尝试，用埃尔登的话来形容，试图"保护体积"。埃亚尔·魏兹曼在针对以色列军事策略以及巴基斯坦领土问题的研究中指出，现代战争在方法上是三维的，在当代权利斗争中，地下隧道、桥梁、小山顶和领空都变得更为重要。同时，由美国领导的"透明地球计划"，正在研发测绘地下空间地图的方法：将传感器送入管道系统下方，帮助建立一个类似谷歌地图的3D界面，并延伸至地下5千米（超过3英里）的惊人深度。这一研究的目的，是为了抵抗看似始终存在的恐怖主义威胁，并提供更好的保护措施[2]。因此，以诡计和安全为借口，地下空间卷入了无休止的猫捉老鼠游戏中。例如，美国对冷战碉堡再次拨款，发展地道战训练设施，监控世界各地的地铁系统，通过跨境隧道非法贩卖毒品和人口，这些举动都证实了这一点。

所有这些发展都证明，确保地下空间安全、反对非法和恶意使用，或者干脆使其难以接近或成为禁地，对此人们的关注度不断增加。这种思路或许和当今世界各城市中弥漫着的某种焦虑情绪相呼应，然而，也不过是基于人们的错觉，幻想地上和地下世界能够被有效分离和牵制。尽管如此，正如大卫·派克曾提醒我们，这种错觉往往会被与深度和地表相关的诸多界限拆穿，无论人们多么渴望消除这些界限[3]。我们可以认为，地下世界之所以存在，是因为存在某种形式的界限，它使得人们首先能够理解原本看不见的地下世界。因此，亟待解答的问题在于，我们确保地下安全，究竟是为了谁、目的何在、用什么方式以及要多长时间。

黑色旅游和数据转存：美国西部导弹发射井再利用

斯蒂芬·格拉汉姆

> 自从冷战结束后，世界各地的碉堡已经成为现成的旅游景点。（已有的）图解导览、旅游手册和网站资讯，多得数不清[4]。

冷战留下了大量的地下遗产，包括碉堡、基地、隧道和发射井等。实际上许多设施已经超过了所需，因为"确保相互摧毁"的世界（即两个敌对的超级强权，皆准备好即刻发射成千上万枚核弹头）已经改为了各国拥有少量的，但同样有杀伤力的一系列核武器。结果大量废弃的冷战遗址，留给了考古学家、城市探险家、旅游空间开发者以及军事历史爱好者们，并以多种方式被重新加以利用。

许多城市的地面环境被老套的装备打造得更为光鲜，包括戏剧性安排的场景、同质化的消费模式和大兴土木后修复的"文化遗产"。因此，今天越来越多的城市游客，成群结队地涌入碉堡、隧道和地下空间构成的"阴影建筑"中，它们被包装成"真正的"旅游景点，成为更盛行的、所谓黑色旅游的一部分[5]。科普和历史电视频道播出大量欢快的纪录片，揭开了全球各大城市地下世界的深远历史，也为这些景点增添了吸引力[6]。有趣的是，游客们在网站上（例如"到到网"，TripAdvisor）的评论相互矛盾。虽然许多游客赞美碉堡的奇观，但其他更多人，或许一想起桌子底下的钻炸工程和政府的宣传战，就感到焦虑和害怕，而对于与废墟有关的"威慑式和平"故事，他们仍抱持疑虑。同时，位于新墨西哥州阿尔伯克基（Albuquerque）的"战略数据服务组"，已经接管了罗斯韦尔附近的两个前阿特拉斯洲际核导弹发射井，其中包括 34 000 立方米（120 万立方英尺）的可用空间。如今它们已被改建成 22 层楼的设施，并在每层安放了 100 台服务器。"九一一"事件之后，丢失的数据可能会对幸存的公司和企业造成破坏，人们对此感到极为担忧。利用这一点，这家公司销售数据服务并宣称：当今世界，基础设施崩

亚利桑那州萨瓦里塔市的泰坦导弹博物馆

塌、能源供应中断和基础设施遭受恐袭时有发生，而这些深层设施"足以承受大多数自然灾害和人为危机"，可为数字资本的备份数据提供绝佳保障[7]。

毫不奇怪，高度安全的建筑已成为大环境中的抢手货，有些多余的弹道导弹发射筒仓，被重新包装成为博物馆，也被重新打造成绝对安全的备份数据储藏中心。无论是瑞士阿尔卑斯山下巨大的地下冷战碉堡系统，还是第二次世界大战期间，沿英格兰埃塞克斯郡海岸建造的防空炮塔，最近都被重新开发成堡垒式的数据中心[8]。

不论是埋藏在美国索诺拉沙漠的红沙之下，还是深埋在美国中西部平坦的大草原地下，这些遗迹存留在装扮一新的都市景观或田园景色中是如此格格不入，却又平添了它们的吸引力。不管黑色旅游观光客的动机何在，唐·德利洛在他的小说《地下世界》（1997）中强调，今天，这些人大多数"不是为了探访博物馆或日落景色而旅行，而是为了找寻废墟和被炸毁的地带，以及追寻战争与磨难留下的逝去回忆"[9]。

地表下的暴乱：亚利桑那州联合隧道测试区

斯蒂芬·格拉汉姆

> 正如每道墙都会投下阴影，每道墙也会激发自身的颠覆机制……高墙在不经意中设计出与自身对立的物体……有墙的地方，往往也就有隧道……因此，难怪美国—墨西哥的部分边界看上去像约旦河西岸地区，而克什米尔令人想起韩国非军事区的景象，里约和加沙则逐渐变得越来越相似[10]。

除了偏远地区的专门训练设施，美国城市地下巨大的空间领域内，现在也开展全面的军事演习。2004年，芝加哥地下就曾经举行过一次。这次演习的动机在于努力控制巴格达地下复杂的地堡和隧道，并认识都市恐怖分子对地铁等基础设施的威胁。此外，也是为了进行更广泛的秘密行动，如都市探险。与执行"反恐战争"及其后继行动的所有区域相同，在殖民地边界与反暴乱的热点地区中，关于国家安全的战术、战略和讨论，与帝国中心都市的安全化，两者完全重叠。

蛇形机器人，设计用于探索和测绘较小的隧道和管道

这种精心设计的隧道，复杂精妙，令人称奇。尽管地面和空中都加强了监控，被侵入式包围的地面边界也急剧增加，隧道中仍然允许秘密的或禁止的行动、移民和经济活动，它们在此生存甚至繁荣。布莱恩·芬欧奇（Bryan Finoki）称之为，跨越边界的隧道设施在许多方面都代表着"黑暗地带……它们团结在一起，对抗跨国统合主义'无处不在的统治'"[11]。而当地面世界围绕公司商品的"自由贸易"组织起来时，也在不断地限制和禁止其他形式的流通，包括把大量贫穷的"非公民"排斥在外。

随之而来的结论是，国际边境并非我们从上方俯瞰的地图上的地缘政治线，如同传统地图或谷歌图像所示，而应当被视作三维领域，并与地面上的监视和秘密的、地表之下的流通和循环密切关联。正如芬欧奇所言，通过地下隧道，"权利的限制被瓦解，原始的冲动激发出人类先天和本能的创造性，使人们自由跨越了所有的限制，并得以生存、窥视、逃跑、规避和盈利"。事实上，这些隧道的存在，使得对地上空间的论述从完美的军事化控制变成了无用的"后'九一一'安全剧场"：不过是由政治家和承包商们组织的一系列建筑谬论，及有利可图的军事工业幻想，自以为借此能"保护"脆弱的国家身份，抵抗妖魔化的、外来的、种族化的异己分子[12]。

地表上的高墙，还掩盖了地下隧道的社会复杂性。尽管造墙政治精英们把隧道世界描绘成必然的穷凶极恶之地，但通常，比如在加沙，它们仅仅只是维持人类生存的基本需求。而这些地区，由于地表边界和地上领空的军事化行动，使得地面生存几乎不可能。因此，隧道与移民非法化、加深的贸易封锁、外来侵占或殖民，以及两国贪腐，共同平行发展。我们从未听说过加沙周边高墙之下有"婴儿药品隧道"，只有"恐怖分子隧道"或"走私隧道"。

如同历史的不断重演，垂直性的语言学和神学概念再一次意味着，那些被迫转入地下领域的交易和人们很容易被妖魔化、野兽化，易于被设定为需要用暴力摧毁的目标。通过驱赶移民、难民和劳工流进入地下空间，他们就更容易被描绘成本性邪恶和穷凶极恶之人。

向下押送：牛津监狱地道

保罗·多布拉什切齐克

　　连接牛津法院和原监狱的一系列地道，是极为奇特的遗迹，它展示了实用性空间是如何充满了象征意义。与法院同时建于 1841 年，这些奇妙的空间构成英国仅有的两处监狱地道之一，另一处则建于 18 世纪晚期，位于北爱尔兰卡斯尔雷监狱下方，而短语"下狱（send down）"就是从此处派生的，意指宣告有罪并判处监禁。牛津法院和卡斯尔雷一样，被定罪的囚犯在聚集的民众面前，走下木质的楼梯，消失在狭窄的砖砌隧道中（现在用作储藏室），接着穿过一个带有公共厕所的等候区，通过一道铁门，再下到另一条更为森严的地道，最后才到达监狱的接受区。牛津监狱地道直到 20 世纪 80 年代初期仍在使用，其中以 1983 年唐纳德·尼尔森（1936—2011）的"下狱"最广为人知，尼尔森是臭名昭著的"黑豹党"成员，曾在 20 世纪 70 年代犯下多起暴力武装抢劫案和谋杀案[13]。

　　显然，连接牛津法院和监狱的隧道被设想成功能性空间，或者说，仅仅只是作为一种安全有效的方式，将囚犯转移空间。尽管如此，这些隧道也具有象征意义。被定罪的囚犯将在法庭面前"下狱"，即被法官投入象征着地狱的大牢；铁门和两个层级的向下，都强化了"下地狱"的概念。今天，这条隧道已被封堵，成为一条死路。20 世纪 90 年代中期，这座监狱被改造成豪华酒店，隧道的功能和象征意义从那时起也发生了改变。然而，一些法院员工仍在两条隧道之间的办公场地工作。其中有一个隧道门上，生锈的铰链吱呀作响，间或暗示着囚犯们的亡魂不得安宁。

　　的确，老监狱被认为是英格兰闹鬼最多的地点之一。它建在 11 世纪老城堡的地下，其历史比维多利亚时代的法院和隧道更为悠久。和老城堡的地窖一样，这座监狱被视作魑魅魍魉出没之地。"解密牛津古堡"旅行社在这里开发了定期的"地窖鬼魂之旅"项目，包括制造阴郁的灯光和音效，导游装扮成古人等[14]。然而与此同时，监狱最近被改造为玛尔梅森酒店（Malmaison hotel），成了奢华的场所，原先的牢狱空间已被商业化，并被彻底清洗。如今，这座古老的监狱被咖啡厅、餐馆和牛津城堡游览景点所包围，静立于炫耀性消费和商业休闲景观之中，避开与地下监狱的闹鬼空间有任何牵连。毕竟，承认过去受害者的鬼魂是一回事，而认出罪恶凶犯们的鬼魂，又是另一码事了。

连接牛津法院和原监狱的通道

掌控之中：智利圣地亚哥地铁

丹·祖尼诺·辛格

　　2000 年，我第一次乘坐圣地亚哥地铁一号线。这座建于 1975 年的地铁系统，给人以简单而高效的印象，流线型的、20 世纪 70 年代的功能主义设计风格，更是突出了这点。与喧嚣嘈杂的布宜诺斯艾利斯地铁正好相反，圣地亚哥地铁的火车充气轮胎声音响亮，反而散发出安静的气氛。而宽敞的车站和相对不多的乘客，增强了这种氛围。

　　然而，圣地亚哥的交通设施近来发生了重大变化。2007 年，城市引进了新型公共交通系统（Transantiago），以城市地铁作为其核心。今天，尽管列车班次频繁，但依然挤满了乘客。2013 年，站台边缘的保安引起了我的注意，他们控制着乘客人流，这种现象表明，暴增的乘客增加了维持秩序的需要。目前，圣地亚哥大多数居民认为，日常出行的不便和不适早已司空见惯。

　　2013 年 7 月，我有幸在控制中心参观了地铁系统。与安排一起参观的同事会面之前，我花了一点时间，探访其中一个地铁站。我的行为看上去异于常人，当时我沿着站台边走边拍照，还停留了好几分钟观察车站的细节。控制中心本身位于一座大厦顶部，由一位智利建筑师设计，他也是我们这次参观的导游。这个未来主义风格的办公室，看起来就像许多好莱坞电影中的NASA 控制中心。所有不同的控制层（循环和监控）创造出地铁集中而统一的协作。每排屏幕负责监控一片特定区域，包括列车、信号、电力、信息以及乘客，而这些屏幕排成扇形，顶端处是主管的座席，这样他便能够监控一切。

　　在控制中心内，地铁的鲜活体验消失，化作虚拟的灯光、线条、代码

圣地亚哥地铁控制中心，摄于2013 年

以及数据计算。在此，人们能够获得对整个地铁系统的全面印象，与日常生活中的零星体验完全相反。然而，尽管 CCTV 闭路电视摄像机和屏幕无处不在，仍然难以全面捕捉到乘客流的复杂度。这里的监控超出了犯罪控制的范畴，倒不如说，它更关注流通的控制。摄像机镜头放大了一位迟迟没上车的年轻人，因为这一举动立即使他成为嫌疑人。我忽然想到自己刚才在车站的行为，并意识到："停下来不动，会让人成为监控目标。"我们的导游解释说，有必要侦查和阻止潜在的自杀行为。实际上，对地铁来说，自杀被视作比抢劫更棘手的行为，因为它会造成严重的误点，并致使当局损失惨重。

参观控制中心有助于理解流通概念的力量，并理解反之由堵塞带来的危险。一旦运动停止，系统也就瘫痪了。控制中心本身设在地铁外部，这使人们更好地理解，地下铁路作为一个网络，可从社会和物质方面延伸到地下空间以外。这次旅行体验让我们形成以下概念：尽管交通设施全部集中于地下，但一些促进地铁系统运转的要素，例如发电站，乘客们却看不到。就算圣地亚哥地铁控制中心位置孤立，处于地铁本身所在的地下空间之外，它依然是整套系统的核心。

穿越边境：蒂华纳和圣迭戈

卡洛斯·洛佩兹·高尔维兹

我们仍未完全掌控边境，而我决心改变现状。

乔治·W·布什
2006 年 5 月 15 日 [15]

美国—墨西哥边境线全长 3100 千米（近 2000 英里），是穿越最频繁的国际边境之一，每年约有 3.5 亿次合法穿越。据近期统计，跨越边境的非法隧道有 170 条左右，其中超过半数建在亚利桑那州和加利福尼亚州 [16]。2013 年，圣迭戈隧道工作队发现了一条最复杂的隧道，超过 3.2 千米（2 英里）长，1.2 米（4 英尺）高，0.9 米（3 英尺）宽，并连接两个仓库，一个在蒂华纳机场附近，另一个在圣迭戈。隧道中有照明、通风和电气铁路系统。按照圣迭戈当局的说法，它从未被使用过。

蒂华纳美国—墨西哥边境的荒凉景象

近年来新闻报道似乎认为，这类隧道表明了贩毒集团策略的变化，他们愿意投资基础设施，以绕过边境围栏。《2006 年美国安全围栏法案》提出之后，边境围栏"变得更高、更强和更广"，而美国前总统乔治·W·布什针对移民的高调发言，则成为该法案的开场白。"围栏"是监控和执行系统的代称，它令人印象深刻，不但动用了拥有 2.1 万人的特工部队，跨越了所有边境，包括与墨西哥的边境，还利用了一系列交通工具，例如全地形无人机和常规越野车，以及越来越复杂的传感器和照相机。

然而，边境沿线的当地居民和农场主对此早已熟视无睹了。他们常常站在自己的土地上，看着二十多个男女老幼组成的群体，走在通往更好生活的寻梦之路上。有些人死在严酷的沙漠中，其他人则被逮住。只有少数人"成功"，过上了非法移民的生活，而生存的现实却带给他们各种焦虑和日常挑战。

边境管控效果不佳，于是美国边境巡逻队主席格伦·斯宾塞发起了行动。这是一个非政府组织，"定期监控边境，大部分是从空中监控。该组织拥有 3 架飞机，每一架都是为执行专项任务所设计"。其功能之一是"收集情报"，以使美国人民免于成为"全球主义（globalism）的牺牲品"，而这正是放宽边境管控造成的恶果[17]。此外，其角色是充当调查员（看门狗），与边境当局分享所收集的情报，希望借此促成有效的行动。

对美国—墨西哥和其他地区的边境管控来说，隧道成为挑战。挖掘隧道，是锡那罗亚州贩毒组织头目华金·古兹曼·洛埃拉的逃跑方式之一，2001年他从监狱无耻地逃跑之后，曾通过隧道数次逃脱抓捕。2014 年 2 月他被重新抓获之后，警方发现了一个精妙的隧道系统，连接着锡那罗亚州库利亚坎的几栋房屋和下水道。正是这些隧道，使美墨情报机关十三多年来的通力合作一无所获，至少他们的故事中对外如此声称。

隧道也是某种表征，也就是说，隧道体现了合法或非法的交通方式，和边界桥梁一样，它使得人们彼此产生联系，无论这些人是非法移民、毒品走私者，还是边境巡逻队。建造隧道背后的动机各不相同，同样，掌控隧道功能的机制也各不相同。这些机制表明了或是渗透式控制，或是放弃控制的决心。

得克萨斯州的"布朗堡"高尔夫球场与格兰德河（Rio Grande，位于美墨边境）毗邻，高尔夫球手们会遇见一块标示牌，上书："不要把高尔夫球击入墨西哥。"旁边另一块红色标示牌更为醒目，写着："易损坏。地下工人。"

垂直战区：加沙隧道

布拉德利·L·加勒特

　　"加沙走廊（Gaza Strip）"是一条长 41 千米（25.5 英里），宽 6~12 千米（3.75~7.5 英里）的狭长地带，由巴勒斯坦自治政府管辖，并与以色列和埃及交界，但从未被国际承认为主权国家或领土。自从 1516 年至 1917 年被土耳其帝国占领以来，这里几乎冲突不断。近年来，冲突已日益转移至地下。

　　战时利用隧道避难、运输物资与调遣兵力，早已成为全球冲突的一个特征。越南南方民族解放阵线在南越丛林地下挖掘的隧道，就是历史上广为人知的案例。自从 20 世纪 70 年代以来，在毗邻加沙的边境地下，也挖掘了大量的隧道系统，主要用于把食品、武器和货物走私到巴勒斯坦境内，而这些隧道几乎全是巴勒斯坦人在使用。时光荏苒，这些隧道系统逐步扩大使用，使得这里成了或许是地球上垂直分裂最严重、争夺最激烈的领域[18]。

　　2007 年，巴勒斯坦激进组织哈马斯（Hamas）接管了加沙走廊，引发了毗邻的埃及和以色列双边经济制裁，以及边境紧缩。同年，以色列还宣称，沿整个边境都将安装狙击机器人"见杀（See-Shoot）"，可对"侵入者"自动开火[19]。上述事件导致隧道挖掘的增加不可避免，而如今的加沙，只要有隔离墙的地方，几乎可以确信，附近就有地下隧道。在加沙走廊边界上，人工挖掘的隧道简直令高科技防护措施黯然失色。

　　自 2007 年以来，该区域地缘政治的紧张局势再度升级，这些隧道更多地被用来发动对以色列的袭击，并用来绑架以色列士兵和平民。埃亚尔·威兹曼在他的《中空之地》（2007）一书中提出，这一地区不再是扁平的、二维平面的单一领域，而是三维空间，涵盖了一系列层叠的战略性领土[20]。随着穿越加沙边界的隧道已多达上百条，以色列军方开始意识到，最脆弱且千疮百孔的安全漏洞，并非沿着连绵的隔离墙，而是在墙下难以察觉的地下空间。因此，以色列国防军最近投资了新的反击措施：穿地雷达和碉堡爆破炸药，将边界战争发展至地下深处。正如威兹曼所暗示，冲突已使战争领地成倍增加，而这一区域变成了全息的"中空之地"[21]。

　　在世界的这个角落，隧道也并非总是具有破坏性。在英国委任统治时期（1923—1948），巴勒斯坦和以色列之间的边境地带被瓜分，地图制作者们发现不可能创造出领土相连的国家。于是他们建议用一系列桥梁和隧道，连接割裂的地缘政治区域。这种所谓的安全通道，既可以是一座跨越以色列领土的巴勒斯坦桥梁，可支持六车道公路、两条铁路、高压电缆、和大口径

以色列国防军发
现的加沙隧道

水管及油管；也可以是以色列领土地下的一系列隧道[22]。至于到底建哪一种，成了政治争端，与谁将称霸上方纠缠不清。巴勒斯坦自然更偏爱高架桥梁，而以色列当然更乐于属巴勒斯坦主权的公路建在以色列领土的下方。从某种意义上来说，这两种计划都允许两种场所共生于同一个空间中，但仅限在"吻点"（领土相接处）相互作用[23]。柴纳·米耶维将这一假设，作为科幻小说《城与城》（2009）的构思基础[24]。在小说中，即使只是承认"另一边"的存在（通常是可见的），也会犯下所谓的"违禁（breach）"罪。而在世界的这一地区，由于连接割裂区域的保护计划已陷入了僵局，米耶维的科幻小说情境，开始与加沙走廊的现实越看越相似。

反 抗

　　长期以来，地下空间已成为孕育颠覆性理念和实践的土壤，这也是其安全性受到众多关注的原因之一。地理学家加文·布里奇解释道，地下空间存在某种潜力，使"工兵和社会抵抗运动不知不觉地水平扩展，并不断破坏和颠覆当局的基础设施"[1]。例如法国大革命的起源故事，就与巴黎地下墓穴和下水道密切相关，那里曾是政治分歧和骚乱的场所。或许没有任何地方比维克多·雨果的史诗体小说《悲惨世界》（1862）中的巴黎更是如此。小说将地下巴黎描绘成先锋政治和社会理念的孕育之地，纷繁芜杂的思想在此不断交叉繁殖，为地面世界的各种革命性动乱铺平道路。

　　地下世界也可能成为另一种截然不同的反抗据点，或者说，体现了人或事物反抗所有不平等的生存意志。无论是在越南战争中躲避美军的共产主义战士，还是曼彻斯特工业化以前顽固的物质文明遗产，都阐明了这一点。城市探险者对常规的（通常是合法的）地下空间管制公然蔑视，并渴望发现新的城市体验方法，或许算是另类的反抗。而原先埋藏的城市下水道"重见天日"，则揭示了大自然是如何成功反抗、有时甚至是逆转现代文明的。通常，这种反抗需要不屈不挠并坚持不懈；而地下世界则通过提供场所支持这类反抗。这些场所时常被市政当局忽视，从而对另类的解释和利用方式更为开放。

　　事实上，地下反抗的开放形式，无论是军事、政治方面，或是自然、文化方面，都可以追溯到垂直空间的所有权更模糊不清的年代。例如，在英格兰物权法的古老教条中规定："无论谁拥有土地，那么上至天堂、下至地狱的空间，都归他所有。"[2]尽管这一古老的权利今天几乎荡然无存，然而就所有权而言，地下和空中的归属权还是如此的模糊不清。伊恩·辛克莱曾考察过伦敦内部自治市哈克尼的地下挖掘，按照他的说法，地下挖掘代表着由媒体主导的对资本主义的猛烈进攻和反抗。在地表之下，无论是碉堡、墓穴、地窖，或是地下室，另类的存在模式都是可行的，而这些地方也能让人体验到城市的其他时期。不过伊恩·辛克莱还明确指出，伴随当前人们对摩天楼的狂热追逐，以及竭力加速对地下资源的攫取，例如通过液压破碎法，地下世界将日益面临它所反抗力量的威胁 [3]。

叛乱据点：维恩克塞的"隐藏之城"
塞缪尔·梅里尔

　　维恩克塞（Viengxay）是老挝东北部华潘省的偏远小镇，它那耸立于青翠谷地数百米之外的石灰岩喀斯特地貌，使得这一地区周边的景观黯然失色。而对这座小镇的历史而言，隐藏于地底的事物相较于地面上即刻可见的景观，同样具有决定意义。此处的喀斯特地貌遍布着大大小小四百八十多个天然洞穴，它们形成了地下空间网络，这对小镇最初的发展功不可没。

　　自从 1953 年老挝摆脱法国殖民统治取得独立之后，老挝王室政府和各种敌对势力之间冲突不断，包括与中立主义者、反殖民主义者（反抗"西方集团"对这一地区不断增加的影响）、赫蒙族以及其他少数民族部落之间的争斗，但最具有影响力的，或许是共产党"巴特寮"的（老挝民族）运动，以及它的合法政治党派"新老挝哈克塞特"（老挝爱国战线）。这些冲突导致 20 世纪 50 年代末期老挝发生内战。考虑到老挝和北越接壤，1963 年至1973 年间，美国通过其泰国盟军暗中支持老挝王室政府，这一举动被称为美国的"秘密战争"。

　　与此同时，巴特寮领导的反抗军联盟撤退到北部省份的据点，并获得了北越军队和越共的支持。1964 年美国开始秘密空中轰炸行动时，这些武装力量将总部迁到了维恩克塞地下的岩洞网络中，而直到 1970 年前，此地都被视为"特区"。通过在现存的石灰岩空隙中扩展空间，地下城市建立起来，曾经人烟稀少的居住区就此经历了快速的地下城市化。大约两万三千人在岩洞中居住了长达九年，许多人夜间冒险进入露天区域，仅仅只是为了耕作。这种穴居人的生存是必要的，因为在冲突中，他们的敌人平均每八分钟就执行一次轰炸任务，据估计，造成总共两百一十万吨炸弹被投放到这片国土上，比美国在第二次世界大战中投下的炸弹还多 [4]。

　　因此，这个洞穴群逐步发展起来，并提供尽可能多的基础设施，让反

"亚非拉人民团结
组织（OSPAAL）"
代表团访问期间，
巴特寮战士们在岩
洞中表演训练演
习，时间应为20
世纪60年代末期

抗军领袖、战士和他们的家眷，以及许多当地居民得以生活在地下。一些洞穴容纳居所和办公室，而另一些则充当补给中心、工厂、工坊以及营房。最令人印象深刻的，或许是那些被当成学校、医院和礼堂使用的洞穴。美国开始从越南撤军时，双方通过斡旋达成了停火协议，当时一些反抗军领袖回到老挝首都万象，加入了联合政府。其他一些领导人则留在了维恩克塞，并在洞穴前方建起了新家园，而膨胀的人口促使这里成为社会主义城镇规划的首个案例[5]。

这座城市取名"维恩克塞"，意为"胜利之城"，20世纪70年代初，这一名称暗示了反抗军的胜利，而巴特寮最终于1975年建立起新政府，即老挝人民民主共和国（LPDR）。从那以后，维恩克塞其余的政治领袖也迁至万象，并加入掌权的老挝人民革命党。直到今天，这个政党仍是老挝的执政党，而维恩克塞依然被当成一个军事训练基地使用。更具争议性的是，附近还建了一个再教育营地，不过那些岩洞已被清空，大部分区域禁止外来游客踏足。

20世纪90年代末期，这种情况有所改观。当时一些岩洞开始对游客开放，共和国政府也开始利用文化遗产、历史和记忆，并明确使之政治合法化[6]。从那以后，岩洞就成为老挝革命及英雄历史的关键主题，而在国家赞助的观光旅游中，它们被正式定为社会主义共和国的"诞生之地"，从而与洞穴和子宫之间的隐喻不谋而合 [7]。2005 年，老挝政府将这些岩洞列为文化遗产，并开始与 SNV 荷兰发展组织和澳大利亚迪肯大学合作，发展基于文化遗产的"扶贫旅游"战略，将维恩克塞定为"隐藏之城" [8]。

这些努力难免会遇到问题而妥协让步。例如，和老挝其他地方一样，未爆的炸弹不但可能破坏旅游业和文化遗产策略，总体上还会带来更危险的物质性记忆，在冲突结束四十多年后，这种记忆甚至能够造成更多的死伤 [9]。与此同时，外国合作伙伴们还不得不容忍共和国对历史的片面诠释，尤其是与这一地区战后再教育营地的建立有关，而他们的目的是希望通过不断努力，使该地区的农村贫困人口受益 [10]。老挝是亚洲经济发展最差的国家之一，而维恩克塞还处于最贫穷的省份，有 74.6% 的人口生活在国家贫困线以下，因此这种努力至关重要。不过从不断增长却可持续发展的旅游业的积极方面来认识，以及从日益增长的国际兴趣来看，在未来几年，这些努力看上去即将结出硕果 [11]。对维恩克塞全体民众而言，未来正如往昔，即将从地底被发现。

可防御的空间：金门和马祖的地下城市

大卫·L·派克

1949 年，以蒋介石为首的国民党军队败退中国台湾，金门和马祖被改造成防御工事。马祖列岛，沿海岸线有 150 千米（93 英里）长，并与闽江河口相望。建在这里的军事基地，宽敞到足以容纳十万多人的军队，这些军事基地沿着较为平坦的金门海滩和崎岖的马祖海岸，几乎全部建于群山深处的地下。

2001 年，福建沿海与金门、马祖地区直接往来。喧嚣的走私贸易大部分被停止，而开放旅游大大有利于台湾地区的经济。台湾当局投注资金排除地雷，并提供经济支援给那些缺乏天然自给方式的岛屿。2008 年，海峡两岸还开始认真讨论在金门和厦门之间，建设一座 10 千米（6 英里）长的大桥，而这一构想早在 2004 年就被提出。

金门和马祖的岛屿无论从数量上还是从规模上来说，都是坚固的领地。一百多条隧道串接起 29 平方千米（11 平方英里）的马祖列岛 36 个岛屿，而金门岛中心的太武山，有个可容纳 1000 人的礼堂，同时金门和马祖的隧道，大到足以藏匿海军部队并驶过坦克。可以毫不夸张地说，金门（132 平方千米/51平方英里）和马祖（12平方千米/4.5平方英里）都被有效地改造成地下城市。对这些景观持久特征的适应性再利用，也阐明了附属于这些地下空间的多重意义。今天，堡垒和隧道已被改造成公园和纪念地，巴士满载着海峡两岸的游客前来参观，包括有时装模特的日常表演活动，说明地图和牌匾，以及为小游客设置的活动室，他们在此可以为风狮(地方保护神)的描图上色。

金门和马祖的本地酒也很有名，这两座岛上的酿酒厂都把附近的隧道改造成了冷藏室。此外，长期以来，地下妓院显然也是岛上纵情声色的罪恶之所。早在1991年，中国艺术家蔡国强就利用这段历史大做文章，打算将现役碉堡改造成"爱情酒店"。蔡国强还负责策划了当代艺术碉堡博物馆（2004），在退役的金门碉堡内，通过十八位艺术家的作品，综合展示反战情绪、历史清算以及其他概念，希望从冷战的非生物遗迹中，创造出某种积极的艺术、宗教或文化意义[12]。作为海峡两岸的贸易支点，金门迅速扩大其地位，马祖则允许在两座最大的岛屿上，开发赌场和度假胜地。毫无疑问，这座赌场也将利用所处位置的地下遗迹，设计出自己的人造天堂。

2004年，中国艺术家蔡国强策划的当代艺术碉堡博物馆一角，设在金门的一座旧碉堡内

意识形态和恐惧：布拉格地铁

彼得·吉巴斯

布拉格地铁是地下交通综合体，轨道总长约 59 千米（36.5 英里），包括三条线路上的 57 个车站。要想理解和欣赏其复杂性，必须先了解它的历史背景。据说早在 1898 年，有位富有的企业家最先提议建造布拉格地铁系统，但直到 20 世纪 50 年代末，这些讨论才形成正式的意见[13]。当时正是众所周知的"解冻"时期，不但解除了审查制度，技术发展也突飞猛进，消费水平迅速上升。

1964 年，地铁建设的决议最终定案，1969 年还举行了挖掘施工的开工庆典。然而在这一时期，尤其是 1968 年夏天，苏联军队武装入侵前捷克斯洛伐克之后，20 世纪 60 年代的改革却急剧缩减。这次入侵标志着所谓"正常化"的开始，也就是从政治和社会方面而言，国家重新回归强硬统治。正是在这样的背景之下，布拉格地铁于 1974 年 5 月 9 日举行了通车仪式，这一天也是国庆日，庆祝红军曾在这一天解放了纳粹占领下的布拉格，第二次

通往布拉格地铁
隧道的入口

世界大战结束。在当时，这起事件承载着重要的政治象征意义。

社会主义可以理解为现代主义的工程，它通过增加社会平等承诺更好的共同未来。在"正常化"时期，社会主义通过述说技术进步表明这一承诺。就此而言，布拉格地铁作为技术进步的证明，在社会主义秩序和苏联的帮助下，它才有可能实现，并承诺引领布拉格人民迈向光明的未来。地铁被称作"前捷克斯洛伐克与苏联合作的宏伟建筑"，表达了两国之间永续长存的友谊。正因为如此，地铁充满了意识形态的意义，并通过装饰和艺术作品具体体现在空间当中，比如"宇航员站"的马赛克镶图与雕像。

正常化也与冷战的高峰时期一致。人们对于"西方帝国主义"核战争的恐惧，影响着地铁建造，地铁同时被建成在核战争中可容纳 20 万人的避难所。此外，医院、仓库、空气过滤器、太平间和密闭室等设施，分散在整个地下系统中。事实上，地铁建在如此深的地下，正是为了有能力抵御核爆炸。这个"地铁防护系统"一直以来都很神秘，相关建设文件仍被归为机密。然而，任何乘坐地铁的人都能够一窥此机密：防爆密闭室和严丝合缝的密闭门很显眼，就在马赛克镶图、雕像和浮雕旁边，它们代表着意识形态的意义，以及生活在那个时代中的恐惧。

不屈的历史：莫斯科的神秘暗河

达尔蒙·里克特

莫斯科是一座层层交叠的城市。它建立在古老的石头和飞溅的鲜血之上，诞生于烈火、洪水与亘古的秘密中。而其中最声名狼藉的秘密，则藏于城市的地下领域，比如传说中迷失的恐怖伊凡图书馆和戒备森严的军队、政府运输网"地铁 2 号"。

近年来，有个不断壮大的莫斯科人小团体，致力于探索这座城市中迷失、被遗忘的或其他受限制的下层空间。人们称这些当代城市探险家为"挖掘者"，从 20 世纪 80 年代以来，他们一直持续调查莫斯科的秘密。他们声称已有的发现包括苏联时代的军事设施、隐秘的地下邪教圣坛以及一个隧道系统。据很多人说，这个隧道系统位于莫斯科下方 12 层楼的地底深处[14]。虽然有些报道似乎踏着真实与虚幻间的门槛，但涅格林纳亚河（通常被昵称为"涅格林卡河"），却是莫斯科地下世界中证据充分的地标。

莫斯科地下的涅格林纳亚河

1495 年，克里姆林宫完工时，涅格林卡河成了一条天然的护城河，它围绕着城堡西翼蜿蜒流淌。这条河从莫斯科北部流入，穿越城市后，汇入更大的莫斯科河，向南流去。然而涅格林卡河作为一条护城河，其实完全无效。1571 年，克里米亚的鞑靼人洗劫了莫斯科，它没能阻止进攻；1610 年，波兰立陶宛联邦在克鲁瑟诺战役中打败了俄罗斯，随后进军莫斯科，还在这里控制包围长达两年，它也没能提供防御 [15]。除此之外，涅格林卡河宽阔的河漫滩，还使克里姆林宫西侧的建设工程全部停工。

人们最初筑坝拦河以控制水流，并创造出连通的水塘横跨莫斯科。有段时间，在发展中的首都，这些水塘被用作浴池，还用于转动水车和帮助消防人员。然而，随着城市不断地发展，曾被视为战略优势的涅格林卡河，反而阻碍了进步。1792 年，人们开始改变河流的方向，将它引入一条石造的运河中，但到了 19 世纪初，这条运河变得如此污秽不堪，以致人们干脆采取措施把它整个藏起来，眼不见为净。第一条涅格林纳亚河隧道建于 1817 年至 1819 年间，就在今天的剧院广场附近。这条隧道最初也是一条下水道，70 年来它把污水排入莫斯科河，直到 1887 年专用下水道建成为止。不久以后，涅格林卡河就从莫斯科消失了，它被建筑物完全覆盖、埋葬，并被彻底遗忘。

今天，这条地下水道在莫斯科下方流经 7.5 千米（4.5 英里），与克里姆林宫南侧的莫斯科河交汇，并穿过"大石桥"下方汇入水流，最后向东流过莫斯科河大桥。尽管涅格林卡河已从人们的视线中消失，但整条河道上都有进入点。抬起彩色大道（Tsvetnoy Boulevard）上的某个人孔盖，或从遍布萨多瓦娅·萨莫特克那娅（Sadovaya-Samotechnaya）公园的金属井盖向下窥视，唯有纵深的距离将人们与下方幽深黑暗、无尽流淌的涅格林纳亚河水隔离开。

跨过这道坎成为最艰难的部分，它意味着从喧嚣的城市街道，潜入潮湿、布满蛛网的竖井中，双手交替向下爬过生锈的梯级，来到一个滴水、石头形成的迷宫中。下到那里，交通的喧嚣声逐渐减弱，取而代之的是一种新的氛围：有通过管道无尽奔涌的流水声，以及墙上冷凝水滴发出的滴滴答答声。

虽然地上莫斯科的规模和密度呈爆炸式增长（目前，它是个拥有 1 100 万人口的蔓生大都市），但涅格林卡河从 19 世纪起，几乎没怎么改变。这些隧道的历史，已被写在隧道的每堵墙上，是如此显而易见。1965 年和 1973 年，莫斯科遭遇了毁灭性的洪灾，两次促使人们建造新的、更大的水道。这些改造坚持粗暴的方式，例如大规模建造巨大的混凝土管道，并和原有部分形成更加鲜明的对比，包括标志着涅格林纳亚河旧址的崩塌石砌通道。莫斯科的挖掘者声称，已有了毛骨悚然的发现，例如发现隧道内侧藏有人类头骨，还有生锈的武器和珠宝[16]。

然而，早在挖掘者之前，就有人着迷于莫斯科隐秘河流的魅力。20 世纪初，有位记者弗拉基米尔·吉尔亚洛夫斯基（Vladimir Gilyarovsky），曾按时间顺序编写了更迭的政权，并分享了自己关于革命前俄罗斯的回忆，但鲜为人知的是，他还是一名老练的城市探险家，并成为"第一个敢于潜入涅格林卡河中的记者，在那里他发现了数量惊人的污泥……和死尸"[17]。八百多年以来，莫斯科赢得了各种崇高的赞美，例如"英雄之城"和"第三罗马"，而在城市人行道之下，涅格林卡河却铭记了每一个肮脏的秘密。

逆现代化：纽约锯木厂河

卡洛琳·巴克尔

2010 年 12 月，我们摄制组全体人员开车来到扬克斯，从那一刻起，我们就知道这个纽约市的"内郊区"已面临危急关头。它曾是蓬勃发展的工业城镇，既是生产帽子和家具的圣地，更不必说制造了声名狼藉的奥蒂斯电梯。在整个 20 世纪，由于许多商家迁移到世界各地生产成本更为低廉的地区，因此扬克斯经历了缓慢而痛苦的衰败过程。到 2010 年，扬克斯早已成为废弃建筑和"房屋出租"招牌的中心区。不过这种境况即将发生改变。

当时我和我的团队正在拍摄一部纪录片，讲述 6 条水道的故事，它们埋藏在全世界 6 座不同城市的地底[18]。其中一条正是锯木厂河，它曾被称作"内伯罕"（Nepperhan），这是美洲原住民语，意思是"冒泡的河水"。锯木厂河流经 30.5 千米（19 英里），穿过纽约州之后汇入哈得孙河。"哈得孙河谷根基（Groundwork Hudson Valley）"组织的成员安玛莉·米特罗夫认为，正是亨利·哈得孙本人，偶然发现了锯木厂河与哈得孙河的汇合处，哈得孙河也因此以他的名字命名。在那里，他还发现了一个美丽的海湾，蕴藏着鱼群和水力资源，而这个地方最终发展成为扬克斯。

在 19 世纪，锯木厂河是扬克斯发展的关键，但它逐渐被改为运河，并遭到污染，最终还被视为危害公众健康。美国各地的河流都遭受了这种待遇，米特罗夫描述道："每个人都认为这是一条污秽不堪的、发臭的小河。"在 20 世纪 20 年代，如同众多其他的城市河流一样，锯木厂河被埋葬，上面还建了一个停车场。

此后，锯木厂河在地下待了90年，成为历史学家和城市探险家所着迷的对象。20世纪80年代，有两位扬克斯居民鲍勃和安迪甚至突发奇想，划着独木舟进入水道中，而正是水道使得锯木厂河存留在城市地下。"这是一次探险的过程。"鲍勃说道，"只要是没有人划过的河流，我们都可以试试。"让这条河流回归原貌的梦想也由此诞生。

为了在"去工业化"中生存下来，扬克斯必须重新探寻自我改造之路。如同米特罗夫所说："一直以来，人们都期待市中心出现新的事物，（但是）也很难说服他们投资停车场周边的新项目。"尽管如此，2010年12月5日，为期一年的建设在"开工日"破土动工，停车场将被改造成绿色空间，其中一段锯木厂河也会重见天日。扬克斯市政府与"哈得孙河谷根基"组织联手打造"公共空间计划"，共同设计了这座新公园，它是扬克斯市投资30亿美元重建计划的关键部分。多年来，由于社区游说、政府支持以及联邦政府和州政府提供资金，扬克斯自身还投资了数百万美元的未来税收，使得这一项目得以实现。环保组织誓言要在这段"见光"锯木厂河的周边，恢复鱼群和动物群的栖息地。米特罗夫在"开工日"那天说道："有些人称它为完整的循环。我们试图重新模仿大自然中运作良好的事物。"鲍勃则换了种说法："我想大自然将重振扬克斯。自然的力量会使这一地区的人们产生力量。"

大自然的确做到了。范·德·邓克公园在完工几年之后，不仅成为数量惊人的大批鱼群与动物群的新家，还举办了音乐、艺术和科学等各种活动，目前此地已是扬克斯主要的聚会场所之一。"这个公园超酷的一点是，它已

纽约锯木厂河的
"见光"部分

深深地根植于人们的心灵中。人们凝望、微笑，抽出时间来享受这条河。它就像是一块磁铁。"米特罗夫形容道。与此同时，扬克斯的经济也受到直接影响，这块磁铁周围的废弃地产，还逐渐被改造成新的商业和居民楼。

我们的团队拍摄了这项卓越复兴计划的每个阶段。然而对扬克斯来说，这仅仅只是开始。这座城市计划着要让锯木厂河在市中心区的其他部分也"重见天日"，而目标是在未来几年内，总共曝光河流的 6 个区块。

虽然自然曾被都市景观所抛弃，但找回看不见的自然，已成为日益增长的趋势和现象。不仅是扬克斯，世界各地都是如此。诚如米特罗夫所言：

> 我们失落的河流和其他消失的自然资源，通过让它们的重生，能够拯救我们的城市，并让它们重新变得可持续和宜居。大自然是我们强有力的盟友，在高密度的后工业化城市中，我们需要重新解放大自然。重新连接人类与河流，如魔法般不可思议。

残余的流体：曼彻斯特厄尔克涵洞

保罗·多布拉什切齐克

从 19 世纪 40 年代中期到 20 世纪间，由于维多利亚火车站的定期扩建，曼彻斯特市中心的厄尔克河分几个阶段修成了涵洞。19 世纪城市水道的涵洞挖掘，不仅务实地回应了对建设空间的更多需求，也是城市中管控和隔离"自然"的部分过程。河流随着城市的现代化"消失"，转化为受限制的、隐秘的部分自然，并被写入现代化建设的记述中。

今天，想要探索废弃厄尔克河另类回忆的人，不得不和涵洞本身的空间"协商"一番。就像许多城市河流的涵洞一样，厄尔克涵洞对所谓的探险家们实在是不怀好意。从奇塔姆山路沿着阶梯向下，走入曼彻斯特富人居住的格林小区，从阶梯上就能看到涵洞的入口。那是一个令人生畏的黑洞，湍急的河水流进这个洞口，冲过一个 2 米（6.5 英尺）高的拦河坝。据曼彻斯特城市探险家团体的文献记载，就算在最干涸的时期，也难以进入这个黑洞，因为要先涉过齐胸高的黑暗河水，再从湿滑的拦河坝潜入一片茫茫黑暗之中。在这条河消失之前，它的侧面是格林小区光鲜亮丽的摩天大楼，"高"技术

原先供牛群通过的木桥，保存在曼彻斯特维多利亚火车站地下的厄尔克涵洞中

和"低"自然在后工业化城市中，恰好形成了相映成趣的景象。

　　一旦进入涵洞中，空间似乎开始扩大。从入口看过去，6米（20英尺）高的拱门支撑着极高的砖墙，而奔涌的河水声也被洞穴空间放大。这条河还有其他可怕之处，它散发出令人头晕目眩的恶臭，而所有城市探险家都知道这很危险。此外，它还有着狂奔的流速，有条河道中满是杂物、树枝、购物车、汽车轮胎和其他形式的都市残渣，多年来河水把这些垃圾冲到这里，似乎证明了水流的波涛汹涌。另一些保存下来的遗迹，制衡了这些堆积而成的废墟。在其中一道墙内，有个砖砌的拱形空间，人们曾把这里当作滑槽，将死牛的尸体运送到船上。还有一处半毁的砖石桥遗迹，建于19世纪20年代，曾经和切萨姆大学的建筑相连。所有遗迹中最不凡的，或许是一座完好无损的木桥，它悬架在涵洞的墙身之间，桥的历史（至少是其中一部分的历史）大概可以追溯到1650年，当时曼彻斯特只不过是个巨大的村落，围绕在中世纪学院教堂（始建于1847年的大教堂）周边。几百年来，牛群从厄尔克河北面的农田经过这座桥，运往休德希尔的市场。如今，桥的内部已用砖围砌起来，被当作公共隧道使用。

　　这座桥在原本的功能不复存在之后，还生存了这么久，恰恰证明了石化遗迹的力量。矛盾的是，正是厄尔克河的损毁，以及后来的禁足，才让这座桥完好无损地保存下来；而处于人们的视野和意志之外，才让它逃离了无情的现代化进程。从18世纪末期直至今天，现代化始终主宰着曼彻斯特都市结构的发展。如果说都市的现代化发展，要求这座城市经历创造性破坏的过程，或者说先故意毁坏再加以重建，那么存留下来的遗迹，则直接挑战了现代化发展的过程。此处遗迹的持续存在，表明了现代化产生的残余物或遗迹并未向现代化屈服，因为这些遗迹还在用意想不到的方式继续为现代化服务。的确，像曼彻斯特这类城市的现代化进程，总会留下些残余之物，这些剩余空间和建筑遗迹以历史废墟的形式，遍布当今城市。正视这类残余物，为确认场所的分类提供了必要的检验。正如在新建的大教堂公园中所见，人们把失落的厄尔克河划分为文化遗产，并以温和的方式加以再创造。城市探险家替厄尔克涵洞取名为——"擎天柱"，也就是电影《变形金刚》中一个角色的名字，或许这不只是个幼稚的化名，事实上，涵洞已将河流和它所埋葬的遗迹，"变形"成某种神话般的存在，传递着地面城市层次丰富的内涵。

表 现

地下空间通常是不可见和无形的，因此为讲述故事和表达概念、愿望和想象，提供了丰富的场所。根据哲学家亨利·列斐伏尔的说法，由于资本主义生产和消费模式占统治地位，因此创造性地占用空间，就空间本身而言，是反抗都市空间碎片化和均质化的实践。列斐伏尔表示："创造性地占用都市空间"倾向于"破坏"建成环境的"坚固外观"，并用"流动性的复合体、管道内外的连接"，取代"固定性"的意象[1]。城市意象并非建立在引导城市规划和管理的支配性原则之上，而是与人体密切相关。这时，城市被视为有机体。

对地底富于想象的诠释与创作，无论是视觉还是言语的想象，都有着悠久的历史。而在 19 世纪，人们开始以现代化之名开发都市地下领域，这种表现方式愈演愈烈。如同文化历史学家罗莎琳德·威廉姆斯的概括：工业技术创造了全新的都市地下空间，包括隧道、下水道、铁路、蓄水池、地铁以及地窖，它们往往被描绘成"壮丽（Sublime）"，这一表述运用的美学隐喻，原本用于形容自然奇观，如洞穴和大地穴[2]。人们用这种方式，见证并描绘了科技化的地底，并为它增添了富于想象的意义，有时丰富、有时却又驳斥了它理性的工程学基础。而有关地下建设的照片也说明了这点，因为这些照片通常会强调新空间创造出的壮丽奇景。

"壮丽"风格留下的意象化遗产，不断影响着人们对地底的当代艺术表达，比如詹姆斯·特瑞尔的作品《罗丹火山口》，及迈克尔·海泽的《悬浮巨物》。同时，都市探险家正在为城市基础设置的乏味空间，重新赋予"壮丽"的意义，如同最初在 19 世纪照片中所体会的，例如纳达尔拍摄的巴黎下水道。略微值得一提的是纳达尔作品中的"垂直"或"球形"维度。纳达尔从热气球上拍摄巴黎，其挑战在于从移动的交通工具上获取静止的图像，此外他还在巴黎下水道深处拍摄，缺乏光线带来的技术挑战，意味着静止不动变得至关重要。时间、空间与垂直性，是 19 世纪摄影的核心主题，而当代摄影也是如此。

这些艺术表达为都市地底提供的某种解读，让地底与人体直接相关，并与创造某种意象时可能产生的故事相关。这些故事或是投入了强烈的历史感，或同样都是虚构，如同一些电影中所表现的，例如《黑狱亡魂》（1949）、《大鳄鱼》（1980）、《变种 DNA》和《地铁惊魂》（2004）。对都市地底的表现中，真实与想象相互交织，形成了城市居民如何看待这些空间的一个重要方面。同时，对地底的想象，或许也让我们更加认清人类自身在宇宙中的位置。例如，等待十八年，直到月球运行到天顶，只有从埋在亚利桑那州"蛮荒"沙漠之下的露天舱室，才能观察到它所有的辉煌灿烂。

地表下的壮丽景色：亚利桑那州罗丹火山口

哈丽特·霍金斯 萨莎·恩格尔曼

从亚利桑那州弗拉格斯塔夫驾车 80 千米（50 英里），向东北偏北方向穿过沙漠，你就会遇到"罗丹火山口"。这座有 40 万年历史的火山渣锥，从沙漠的灌丛和草地中拔地而起，与邻近的旧金山火山区成群的火山灰锥相似。而自从 1974 年以来，艺术家詹姆斯·特瑞尔就在这个独特的红黑相间的锥体内部，指挥建造了史诗般规模的地形学工程 [3]。在这一艺术工程不断建造的壮举中，特瑞尔搬运了超过 130 万立方米的泥土，塑造成碗状的火山口，并建造了 20 组地下隧道和舱室。特瑞尔通过雕塑地表下的地底空间，进行了"大地艺术"实践。根据这位艺术家的说法，他创造了地底体验的场所，并邀请参观者来此"感受地质时间"和"邂逅天文现象" [4]。

特瑞尔打造的地下网络地形，与这座火山的远古形态一致。火山形成于"更新世"中期至晚期，它的戏剧性经历遗留下了错综复杂的地貌：一个由混合物组成的红色圆锥体，坐落在一个更古老的锥体内部，这个黑色锥体由累积千年的火山碎屑流形成，其东北侧翼还有一个附属的通风孔或喷气孔。特瑞尔依据这段地质历史设计的地底空间，把我们引导至地下地层和深邃、熔融的地基之上，而通过刻入岩石墙以及天花板上的各种通风孔、圆孔和槽口，它们也把地底与地面联结起来，让这些地底空间汲取着来自太阳和月亮、

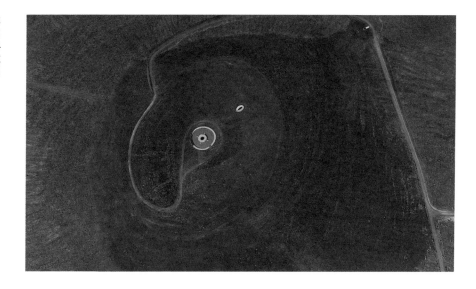

恒星与行星的光线和能量。

　　或许"罗丹火山口"尚未完工，也并未对外开放，但我们还是能通过它的空间，构想出一场充满想象力的旅程。为了指挥这项工程，艺术家煞费苦心，创作了规划方案、设计蓝图、版画和模型，也成为这趟旅程的向导[5]。我们通过东北翼的入口进入这个锥体，接着被引领穿过一连串的隧道和岩石凿成的楼梯，来到四个主要的舱室。一条光线昏暗的隧道，沿着 15 度的斜坡向上延伸，引导参观者朝着一个发光点向前走，在经过 315 米（1035 英尺）的明暗闪烁之后，终于出来，来到火山口底部的沙漠阳光下。这里，特瑞尔称之为"天空穹顶"效应，天空仿佛笼罩在火山口上，并向地球的表面张拉下来，而地面反过来向上弯曲以迎接它。

　　特瑞尔希望那些参观者能独自来体验他的作品，因此沿着另外一条隧道，独自步行的访客或许会发现自己来到北侧的舱室。在火山岩浆的陡坡上，切入了一个直径 18 米（60 英尺）的舱室，它和南面的舱室相似成对，被雕凿加工以展示天体的光照距离，包括正午的太阳光，以及北极星和其他行星几乎察觉不到的光线。舱室屋顶的中心安放有一个暗箱：白天有云朵投射到舱室地板中心的圆盘上；到了季节合宜的晚上，行星就会出现在圆盘上。相比之下，直线式构成的东侧舱室仅靠太阳光提供能源。成排的墙身裂缝让这个空间弥漫着变化的光线，在日出的时候格外动人。而日落的时候，光线转换到了西侧的空间，落日余晖在这里上演，沙漠之夜也徐徐升起。

　　特瑞尔创造的地底空间是众人合作的成果，它们的建设诉求横跨艺术和科学领域，与时代产生共鸣，一大批工程师和天文学家参与其中，并融入了古代建筑师的灵魂。长长的隧道中产生的光轴照亮了舱室，令人回想起新石器时代的走廊式墓穴，而直线式构成的空间，则回应了古代普韦布洛人（Pueblo，曾经居住在亚利桑那州沙漠中的美洲原住民）建造的地下仪式场所"基瓦会堂"。

然而，特瑞尔最重要的合作者并非人类，而是岩石、天体、光线和环境的声音等自然因素，它们结合在一起，创造出环境照明的氛围和"影像事件"的建筑舞台，展示出每一天，每一百年乃至每一千年的天文韵律。对这些"天体表演"而言，最戏剧性的地下舞台或许是在火山喷气孔内塑造的五个连续空间。一旦充满压缩气体和蒸汽，这些空间中的环境音效和变化的光线效果将汇聚起来。最戏剧性的是，每隔 18.6 年月球倾斜至最南端的时候，会经过隧道的孔隙，并在空间最深处的墙面上投下直径 3 米（10 英尺）的影像，展现出月球上火山口和海洋的复杂细节。这场"洞穴五重奏"的高潮，是一个巨大的露天舱室。舱室中央有一个倒影池，形成可以看到月光的水面；不仅如此，特瑞尔还把它设想成由水构成的体量，人们可以让自身沉浸其中，并通过听觉感受类星体和赛弗特（Seyfert）星系从空间深处发出的无线电波。

特瑞尔的地下空间体现了"壮美"的景致，并以难以言喻的方式，把地底和地面联结在一起，这些空间创造出垂直的想象，让我们处于地质时间和天体空间的交界处。凿穿地壳，将我们带入地表之下，成为加强知觉体验的方式，时空在此被瓦解，而人们被邀请来此，冥思脚下延伸数英里的地底熔岩，以及超出我们认知之外的星系时空。特瑞尔的地下空间，或许不会建在城市之下，但它们所提供的地底体验，不但适合于所有的时空，同时扩展了我们对宇宙的认知，并让我们意识到自身的渺小。

残存的空间：曼彻斯特的防空洞

保罗·多布拉什切齐克

迄今为止，曼彻斯特的许多地下空间都有昔日居住模式留下的痕迹。弗里德里希·恩格斯描述道：19 世纪 40 年代，有相当一部分曼彻斯特居民生活在黑暗、肮脏的地窖中，而一个世纪以后，他们的大多数子孙后代，也在这座城市数百个防空洞中的某处避难，尤其在所谓"曼彻斯特闪电战"期间更是如此。1940 年圣诞节前夕，纳粹德国空军（Luftwaffe）集中轰炸了连

旧防空洞内部砖
墙上的"涂鸦"，
位于曼彻斯特丁
斯盖特街地下

续三个晚上，曼彻斯特市中心有数百栋建筑化为废墟，或严重损毁。据基思·沃伦德的详细文献记载，这些防空洞至少有 1185 个，规模从单个地下室和大型地窖，到完整的地下综合体，例如维多利亚拱门与曼彻斯特—索尔福德联结运河隧道[6]。

直到最近，维修工作迫使"曼彻斯特行者"旅行社暂停了参观活动。他们此前定期推出名为"地底曼彻斯特"的旅行，内容为参观运河隧道中的旧防空洞，他们还承诺参观者将从"潮湿、阴冷、凄凉"的世界和城市地底

"巨大、裂陷的房间"中，获得独一无二的体验；那些空间据称带有"地球黑暗深处"的气息 [7]。依照我在伦敦的经验，这类"官方"旅行的口头承诺都无比诱人，但所提供的真实地底空间体验却又少之又少，这是由于严格的安全法规让旅行社束手束脚，并且他们担心探险途中一旦有人受伤，还免不了吃官司。一开始，"地底曼彻斯特"之旅似乎都以这种模式展开：沿着曼彻斯特城市街道闲逛半天，导游在途中谈论着曼彻斯特的地底空间，一边指出那些已被封闭、无法进入的地下出入口，例如"守护者电信交换所(Guardian Exchange)"隧道碉堡式的入口。这些隧道建于 20 世纪 50 年代，位于曼彻斯特标志性的市政厅附近，原本作为核避难所。然而在旅行半途中，事情出现了戏剧性的转变，参观团体一行 35 人，其中大多是上了年纪的人，在"大北方娱乐综合体"下方，沿着一部 24 米（80 英尺）长的楼梯向下走。"大北方娱乐综合体"是一栋超级现代化、外观却并不起眼的建筑，就建在"大北方铁路"巨大的旧仓库中，而这座仓库则是晚期维多利亚式的建筑，用于处置大量的工业原棉，直到 20 世纪 70 年代被关闭。

在楼梯的底部，我们进入了原先的曼彻斯特—索尔福德联结运河隧道，隧道从丁斯盖特街上的仓库通往格拉普街，附近就是从前的格拉纳达电视台（ Granada Studios ）所在地，那里也是长青电视肥皂剧《科罗内申街》的著名布景点。5 米（17 英尺）高的旧运河隧道，看上去湿漉漉的，还滴着水，如同在纪念它昔日的职责，照相机很快便蒙上了水雾而难以拍摄。这个恶臭的空间光线幽暗，在 1940 年到 1941 年德国人空袭期间，数千名曼彻斯特人曾在此避难，有时一躲就是好几星期。墙上依然悬挂着官方指令留下的残迹，正是这些指令，将这个非同寻常环境中的行为准则，昭告给被迫来此穴居的难民，而经过潮湿空气的多年侵蚀，其上的字迹已模糊难辨。事实上，我们旅途中进入的第一个地底空间，也就是运河原来的转船码头，只不过是通往非凡而神秘的地下世界入口而已。这个地下世界笼罩在黑暗之中，脚底湿滑，到处都是闪电战留下的碎石，以及各种遗迹。其中既有老运河的遗迹，比如转船码头、货运起重机和升降机井等，也有防空洞隧道的遗迹，包括看守人瞭望所、急救站、洗手间和褪色的招牌等。我们获准进入这些空间，已实属不易，而与其他一般并不对外开放的地底空间一样，它们令人感到荒凉和诡异。仿佛对我的高规格相机不屑一顾，这些巨穴般的空间在这如梦似幻的宏伟建筑景象中若隐若现。有座巨大的砖砌拱门横跨在其中一个巨穴的上方，仿佛将曼彻斯特本身的底部结构牢牢地握在一起。

通过无数的工厂、仓库、高架铁路和有连排房屋的街道，可以看到曼彻斯特维多利亚时代的砖砌建筑特征，而在地底空间中，这些特征变得更为原始，拱门似乎融入了城市本身的底部结构，原先采用的岩基也变成了砖基。尽管这条运河隧道建于曼彻斯特工业化开始数年之后，但现在看上去，它半毁的外形比其实际年龄要老得多。这或许是因为，自从 1948 年这些空间作为防空洞被关闭之后，大部分原封不动地存留下来[8]。实际上，这些砖砌地下空间的庄严古风，与它们曾经庇护过好几百位焦虑的战时居民相比，还是无法相提并论的。相较而言，南伦敦奇斯尔赫斯特洞穴中的白垩隧道，则显得更为平常，在闪电战期间，那些隧道也曾庇护了数千人[9]。事实上，有位匿名的艺术家——可能是一位不幸的战时避难者，或后来的潜入者。就在其中一面砖墙上，涂鸦了魔鬼的画像，仿佛代表着最适合居住在这噩梦般世界中的地狱生灵。如果说维多利亚时代的人通过重建地下空间，使得曼彻斯特这类城市走向现代化，他们也正是通过这些空间，创造出一个似乎陈旧、穿越的世界。这是一个魑魅魍魉的地底世界，与那些鬼魂出没的有形物质废墟相比，它的真实感也毫不逊色。

建造中：布宜诺斯艾利斯地铁

丹·祖尼诺·辛格

　　1913 年，布宜诺斯艾利斯首条地铁线的建设采取了明挖回填法，给人留下了强烈的视觉印象，因而在 1923 年，第二条地铁线开工的当晚，西班牙《世界报》（*El Mundo*）这样写道："布宜诺斯艾利斯的居民（porteños）将再度见证被掏空内脏的城市奇观（la ciudad destripada）[10]。"　"被掏空内脏的城市(disembowelled city)"这个词，具有强烈的隐喻意义，形容地铁建设工程带来的动荡。动词"掏空内脏"（destripar）暗示了现实中借助机器和工人挖掘这座城市的街道，是对建筑内部的粗暴破坏。这一隐喻表达出，地下空间的实用性与其他神圣意义之间的紧张关系，正如以下这段话所阐明的："布宜诺斯艾利斯的城市内部将不再平静……幸亏有地球为我们提供居所……我们却把它挖得像笛子一般。"[11]

　　同时，"奇观"这个词，描述了挖掘工程的视觉冲击，那里有巨大的露天壕沟、暴露的电缆线和管道、脚手架、废料推车，以及大批用镐挖掘的工人。与地铁完工后对内专设的揭幕仪式不同，每个人都亲眼见证了它的建造过程。报纸、通俗杂志以及官方宣传册上大肆渲染的图片，更加强化了城市地底空间转型的壮观体验。在施工前，有关地铁提案的图片少得可怜。由于媒体报道通常只对其中的争论和计划感兴趣，因而没有刊登新地下空间的图片，甚至连预设线路的规划都没有报道。但在施工过程中，对于打造都市现代化的公众印象，媒体还是功不可没。他们登载的图像，通常是照片，为文字报道锦上添花，将地铁作为进步大都市的信号歌功颂德。

总而言之，这些照片起到了纪实和表现的双重功能。一方面，它们为市政记录和科技刊物中涵盖的信息，创造出视觉的对应物；另一方面，不仅仅是文献记录，照片还意味着对鲜活体验的再创作。此外，这些照片揭示了至少两种地下建设观点的相互作用：一种是从地面看，而另一种是从地下看。从地面看，通常从"鸟瞰"的视角，展示出创造性破坏中的都市景观；而从地下看，则以"鼹鼠眼"的视角，揭示了城市的内部空间。与从地面看广阔、整体的视野不同，这些照片表明了地下空间本身是支离破碎的，沉浸在幽闭恐怖的施工氛围中。在这些照片中，工人的面部在微弱的光线下显得模糊不清，就算使用了闪光灯拍摄，看起来空间依然笼罩在黑暗中。从这种意义上来说，照片为施工中的隧道增添了神秘的氛围，并赋予它们"壮美"之感，使我们想起皮拉内西（Piranesi，18 世纪意大利建筑师、艺术家）戏剧性的

1911 年，地铁 A 线的建设

蚀刻版画。布宜诺斯艾利斯的新地底空间，在体现"创造性破坏"的那一刻，同时体现了崭新的科技秩序。

电影中的空间：维也纳下水道和《第三人》

保罗·多布拉什切齐克

　　人们对维也纳的普遍印象是一座愉悦之城：歌剧院、华尔兹，及精致的奢华。然而，如同所有的现代城市，维也纳也有阴暗的一面：真实的地下空间让这座城市能够正常运转，其中包括朴实无华但有效的地铁，以及19世纪晚期暗藏的下水道系统。维也纳的下水道，之所以能超越其默默无闻的日常领域而为人所知，多亏了一部电影中的明确表现：由格雷厄姆·格林编剧，卡罗尔·里德执导的电影《第三人》（1949）。如同格林所有的作品一样，《第三人》探讨了人性的深度，包括无意识的动机、犯罪行为、个人的背叛和死亡，在第二次世界大战之后，这些人性特征借由维也纳下水道的超级理性化空间来象征与重现[12]。《第三人》安排了一连串著名的场景，而就在此处，黑市商人亨利·莱姆走投无路，最终被昔日的好友、美国人霍利·马丁斯击毙。

　　整部电影中，我们几乎认不出今天熟知的维也纳。这座城市饱经战火摧残，只不过是被不同外来侵略集团控制的一片废墟，而同盟国将维也纳分成了四个区域。与此同时，在地底，城市的下水道成了莱姆的王国，他看起来随心所欲地穿行于盟军占领区域之间的隧道，并逃了出来。尽管如此，当他最后被捕时，下水道看起来也被严密控制了，就像在地面的城市中一样，四个同盟国团结一致，展示了一场精心策划的军事合作。据大卫·派克观察，在第二次世界大战后维也纳的军国主义世界里，《第三人》中的下水道被设想成人类情感的最后避难所，尽管这里肮脏、堕落，且不可避免地导致死亡和"道德确定性"的沦丧[13]。在下水道中，地底同时代表着庇护与死亡，或者说子宫和坟墓，通过这两种相互矛盾的重要方式，人们构想了地下空间，并始终持续着这种想象。

　　今天，在市政当局的协助下，"第三人"旅行社利用这部电影的名气作为生财之道，开放了影片中真实出现的城市下水道区段，让游客付费参观。按照这家公司网站上的广告，下水道之旅把《第三人》与维也纳下水道系统的历史发展结合在一起，提供了一种"身临其境"的参观体验。除了下水道

位于维也纳地下
的维恩河

旅行，还包括参观"《第三人》博物馆"，以及环绕电影中的地面场景步行，这是一场让游客能够"穿越时间"的旅行[14]。

下水道之旅强调再现电影中的场景这一概念。游客们穿过亨利·莱姆逃跑时利用的莲花状检修孔向下走，就会进入他所栖身的阴暗世界。这里有张蒙太奇拼贴画，由《第三人》以及另一部电影剪辑而成。这幅画描绘出维也纳下水道系统的历史，并被投射到下水道的墙上，加上有声音从意想不到的裂缝中发出，还有精心安排的光线，都为空间增添了戏剧性。这场潜入地底世界的主题之旅，或许会被人们所诟病，因为它耗尽了电影的原创性，以及下水道空间本身能激发的想象力。

然而在现实中，下水道原始残酷的特质，例如它们怪异的恶臭、冲突的几何空间，以及污秽、湍急的水流，还是胜出一筹。有一个空间中，巧克力色的污水汇入了干净的水流中，再缓缓转化成旋涡和涡流，在人们眼前展示着迷人的场景；而在另一个空间中，迷宫般的通道因其地形的特异性而令人感到困惑，与它们在电影中的强烈效果如出一辙。同时，水下的维恩河（莱姆利用它在城市的四个占领区域之间，神出鬼没地穿梭）则在一个惊人的、高高拱起的洞穴中显露出来，看似永无止境地没入了黑暗之中。壮观的光线恰如其分，伴随着传来的不祥声音，隧道的墙面上一块块涂鸦清晰可辨。这些涂鸦是亨利·莱姆的当代继承者留下的标志，他们渴望行动的自由，以及从地上世界的压迫式理性中获得短暂的喘息。

重绘地图：开普敦的"金色土地"

金·格尼

开普敦的地标——"金色土地"（Golden Acre，一座地下购物中心）建于 20 世纪 70 年代，目的是解决行人的流动性问题。按照建筑师路易斯·卡罗尔的说法："它重组了一块支离破碎的拼图。"实际上，这栋建筑是相邻的公共交通枢纽与城市中心之间的重要界面。走入民主制度 20 年后，至今它功能依旧，但却述说着不同的传奇。它的四层楼结构，曾经以分层的方式，迎合了种族隔离的社会制度：较高楼层服务于排外的特权白人精英，他们偏爱私人交通工具；而较低楼层则迎合大多数黑人顾客，他们通过公共交通工具进入购物区，并且花费也少得多。如今，形形色色自信的中产阶级，频繁

建于 1663 年的瓦赫纳尔水库（Wagenaar's Reservoir）遗址，保存于开普敦"金色土地"购物中心室内

地出入于整栋建筑，并且他们简直就是在不停地往来奔波。任何一天站在大厅中，都可以大致获得这样简单的印象：这个新兴民主的、后种族隔离时期的国家，正逐步站稳脚跟。

这座建筑看上去如同把自己折叠起来，类似一件折纸雕塑。在光线充足的、以条纹装饰的拱形天花板映衬下，一系列环环相扣的立体空间引人注目，这些空间从不同角度与自动扶梯和楼梯井相连接，并向下延伸 6 米（20英尺）至地下层。室内的空间感觉与其说是购物中心，不如说更像是火车站；事实上，"金色土地"的确具有交通枢纽的功能，它不但与铁路干线、公交站与出租车站相邻，也是通往中心商业区的地下连接点。在这里，霓虹灯闪烁的地下通道两侧装饰着消费广告，一些商店售卖着货物，步行者可以穿过通道，闪入多车道的高速公路下方。按照卡罗尔的说法，这些相同的高速公路，正是"金色土地"存在的缘由。我们来到附近伍德斯托克地区的卡罗尔办公室会面，他摊开一张开普敦市中心的地图浏览着。按照他的解释，因为交通堵塞"屠杀了"城市中心，战后建造了三条高速公路以缓解这一问题，但却造成了步行者的通行问题。关于"金色土地"，他说道，"尽管开普敦曾经是支离破碎的，我们还是把拼图的各部分连接在一起，这就是它的成功之处"。

20 世纪 60 年代末期，开普敦市政当局建造了"河岸广场（Strand Concourse）"地下购物中心，它与"金色土地"相邻，这个购物中心的存在，反过来使"金色土地"的地下通道成为可能。为了建造这一地下空间，需要将阿德利大街的一段抬高约 1.5 米（5 英尺），这正好启发了"金色土地"的设计解决方案。卡罗尔解释道："我发现如果将'金色土地'的广场抬高 1 米左右，就能塞进另一层商业空间，我忽然就实现了构想。"

20 世纪 80 年代，卡罗尔还被指派设计了"海角之日酒店"，这家酒店与"金色土地"相邻，并与它的另一层地下商店相连。地下通道网络一直运转良好，直到区域性购物中心这一"祸害"出现。卡罗尔认为，"它们对世界各地的商业街购物产生了戏剧性的影响，并对市中心购物产生了糟糕的破坏作用……这里的地下空间开始衰败"。而当"海角之日酒店"被迫关闭了它的高端购物中心时，"金色土地"却依靠各种混合的零售业，持续繁荣发展。

在当代的开普敦，"金色土地"如同它繁华的历史，依旧保持着自身的吸引力。1975 年，"金色土地"在施工期间，人们在挖掘工作中发现了瓦赫纳尔水库的遗址。这座水库建于 1663 年，当时开普敦地区还只是个殖民地贸易站，水库为过往的船只提供淡水。在 20 世纪 30 年代土地开垦之后，开普敦的海岸线发生了改变，"金色土地"其实就位于原始的海岸线上。这座建筑包含了水库历史遗址的一部分,包括用于水库排水的一部分砖砌沟渠,目前公开展示于购物中心的一条地下通道中。这些实物的人工遗迹,使得开普敦的贸易过往,与它今天的"化身"并置出现。不过,尽管那里有一块告示牌上写着:"这是南非最古老的荷兰建筑遗址",但走进旁边"运动场景"和"英雄鞋袜"专卖店的购物者们,却鲜少有人停下脚步注视。

我试着找条路,离开这个错综复杂的地下商场,并回到地面。于是我搭乘经过阿德利大街下的地铁路线,途中又发现另一处新老交会的例子:一个当代的鲜红色邮筒,立在另一种通信系统旁边,也就是一块深灰色的椭圆形"邮政石",它陈列在玻璃橱窗中。这块石头也是在"金色土地"的挖掘过程中被发现,原本水手们用它来向过往的船只传递消息,上面还留有年深日久的铭文,铭文用大写字母(以荷兰语)记载着:这艘船于1635年4月8日抵达此地,并再次离开,取道巴达维亚(印度尼西亚首都旧称)。当我离开地下空间回到阳光下时,我注意到两位站在步行大街最高处的妇女,她们身上前后都挂着广告牌,上面分别写着:"黄金兑换"和"以钱换金"。

邂逅地下空间:洛杉矶的悬浮巨石

哈丽特·霍金斯　萨莎·恩格尔曼

这是块完美无瑕的花岗岩闪长石,重达340吨,高6.5米(21英尺),并有1.5亿年历史。它从加利福尼亚州河滨县的石谷采石场爆破出土,历经170千米(105英里)的运输路途,来到目前的落脚处,也就是费尔法克斯街与第六街的转角,洛杉矶县立艺术博物馆(LACMA)外面。多亏艺术家迈克尔·海泽,这块绰号为"巨石"的岩石,现在正纹丝不动地悬在一条142米(465英尺)长的混凝土壕沟上方,而这条极简主义的壕沟,就从LACMA的草坪中挖凿出来。海泽的这件雕塑作品《悬浮巨石》(2012)被永久存放于洛杉矶中心,第一年就吸引了三十三万多人参观。它使我们在邂逅这件艺术作品时,能够从中体验和想象多重的地底空间,并与之对话[15]。

站在草地上往其中一个方向看,你会看到典型的洛杉矶景观:阳光把壕沟光滑的混凝土表面晒得发白,甚至可以看见地面散发的热气,而巨石的顶端和崎岖的表面,反衬在蓝天下格外醒目,还有几排棕榈树夹道而立。同行者发现有架飞机飞过,在蓝色的广袤苍穹里留下白色的航迹云。接着我们

穿过草地（由于干旱，它看起来有些磨损），走向海泽的"特定场域"雕塑作品，它就坐落在自身的缩微沙漠之中。往另一个方向看去，这块古老岩石的背景平淡无奇，只能看到挤满了停车场的货车，横跨天际线的"反对无政府"广告牌，以及一块99美分店的褪色招牌。从这里观赏《悬浮巨石》，会觉得它虽然有个超然的名字，但更是属于现实生活的。然而，当我们往地表之下行进，接着走入混凝土壕沟中，在岩石下避开刺眼的阳光，随后回到亮处时，奇妙的事情发生了：海泽这块完美的地质学标本，仿佛悬浮在那里。

壕沟在地面上形成对称的切口，包括垂直的墙面在内共宽4.5米（15英尺），壕沟的基底向巨石下方的平坦区域倾斜，而参观者就在此聚集拍照，并凝望头顶的巨石，有的则在阴影中静坐闲谈。亚光的混凝土墙面，在壕沟最深处高达5.5米（18英尺），这样设计是为了支撑岩石的巨大质量，而参观者几乎感觉不到这一点。

海泽的其他关于"大地裂隙"作品，并不像《悬浮巨石》这般受到城市环境约束。在他的作品《双重否定》（1969—1970）中，他在内华达沙漠摩门平顶山（the Nevada Desert's Mormon Mesa）的东侧山脊上，利用成对的粗糙裂口，切出了一条15米（50英尺）深的粗犷道路。这条道路在一个天然豁口的两侧排成直线，在地球表面上创造出绵延457米（1500英尺）的切口[16]。海泽通过爆破和推平"负空间"，分享了大地艺术运动的正式语汇，即尺度、质量和过程，并在他的作品中，创造出大地裂隙的雕塑语言，表达了谜一般的虚空之境。

如果说《双重否定》引领观众经历了一场穿越古老地层之旅，《悬浮巨石》则恰好相反，它让参观者置身于更局限、更精练的地下空间中。它的壕沟更浅，墙身和地面以光滑的混凝土建造，而非使用受到侵蚀的沙漠岩石；此外，它驱使你向上、向外观看，以思索头顶巨石的质量，或让你暂停在对壕沟的当前体验中，而非意识到在极简主义的混凝土形式之外，还有几吨岩土受到了限制。

这块巨石劈砍过的崎岖表面，与地下壕沟的光滑裂口形成了对比。根据海泽的说法，他花了将近四十年时间，寻找《悬浮巨石》的完美"地质样本"，接着又花了七年时间、耗资一千万美元，才将这块巨石运到LACMA。岩石以钢板、水泥浆、钉子和环氧树脂固定住，以防地震时发生移动，如果有参观者批评它的安装方式，认为它看上去不够漂浮，那么其他搬运巨石的故事，则显得更有意义。事实上，岩石重见天日的故事，已成为了它的迷人之处，也成了一部纪录片的主题[17]。从该片中可以看到，成形约一亿五千万年后，这块巨石从采石场爆破出土，将近十年之后，才开始了长达十一天、缓缓穿过洛杉矶的旅程。为了亲眼见证巨石穿过街道，南加州社区的居民一大早就起床，还引发了全县的大规模街头派对，包括当它抵达 LACMA 时，人们为这趟史诗般的旅程举行的胜利庆典。

洛杉矶有典型的后现代主义都市景观，它既是钢筋混凝土之城，也是地震之城。对于这座城市地底的探讨，不仅与社会学有关，毫无疑问还与地质学相关。海泽的岩石来自地底，它的出现，使洛杉矶其他的地底空间一同浮现于地面。从壕沟的一端，人们可以看到拉布雷亚沥青坑，巨石和古老但依旧冒泡的沥青坑相互并置，并产生对话，它还与区域经济的过去和现在、与变化无常的地质条件交织在一起。讽刺的是，浇筑光滑的混凝土壕沟，带有极简风格的地下裂隙和负空间，而岩石与之形成对比，有着粗糙砍凿的形状和参差不齐的边缘，反而却是完美的。这两个体量一起发展出占领地底的体验，既是在瞬间、也是在当下（人们体验着壕沟和它向地表聚集的漏斗效应），同时这种体验也涵盖于更漫长、更暴力的洛杉矶地底故事中。

照相机和清洁球：巴黎下水道

布拉德利·L·加勒特

巴黎下水道最初的建造可以追溯到 14 世纪，但直到 1853 年至 1880 年间，由于拿破仑三世下令建造全长超过 600 千米（370 英里）的新下水道，才由巴伦·奥斯曼和尤金·贝尔格朗执掌，展开了一场史无前例的地底建设。当时横扫一切的变革反映在了街道层面，而新下水道只是其中一部分。这股彻底翻修城市的热情，包括拆除了脏乱不堪的卡鲁塞尔广场（Place du Carrousel），也引发了诗人查尔斯·波德莱尔的哀叹："唉！城市的形式变化得太快，比人心变得还快！" [18] 从这一时期开始，对进步、效率、科学知识和环境卫生的隐喻，"与更宽泛的文化和政治发展相互纠缠，并围绕 19 世纪巴黎的转型"和处于其中的下水道展开 [19]。这些棱角分明的下水道，组成合流系统，充满了湍急的污水。对于巴黎的居民而言，它们远不止是一个废水管理系统，更是在他们脚下凝聚的大量进步思想的一部分。

加斯帕德·菲利克斯·图尔纳雄（Gaspard Félix Tournachon）是位活跃于 20 世纪 50 年代至 80 年代的摄影师，也是巴黎垂直扩展的庆典人之一。

他力图为巴黎地下"都市代谢"的机械化过程留下永久的记录，并以笔名"纳达尔"广为人知。利用镁光灯曝光 18 分钟，他创作了巴黎下水道的照片，或许也是世界上最早的地底照片；他还是最早从热气球上进行空中拍摄的人之一[20]。加斯帕德雄心勃勃，尝试进行"长时间曝光摄影"，包括以模特儿作为地底建筑的比例尺，并将静态相机技术带来的美学感受，灵活协调于翻修城市基础设施的拍摄中。这些照片，连同 1867 年国际博览会期间的新下水道观光，令许多市民陶醉其中，绝对促使下水道变成了人气旅游景点。人们可以乘小船顺流而下，沿着下水道的合流系统参观。维克多·雨果的小说《悲惨世界》（1862）的描述，进一步增添了新下水道的神秘色彩："巴黎的地底还有另一个巴黎，这是下水道的巴黎，有自己的街道、十字路口、广场，也有死胡同、干道与流通，却也是人迹罕至的污泥之城。"[21] 有趣的是，无论是纳达尔还是新设施的参观者，都倾向于在这些空间中重新植入"人迹"。

关于巴黎下水道还有一则奇事：工人们过去常用巨大的铁质清洁球（boules de curage）来疏通下水道，他们把清洁球扔出去，让它高速穿过下水道。根据"小发明"（Gizmodo）网站报道："直径 3~4.5 米（10~15 英尺）的清洁球，猛烈撞击着垃圾，把垃圾撞得松开，水流于是恢复。"[22]

过去 150 年来，最初的系统不断被扩建，迄今为止，巴黎地下的排水系统总长超过了 1000 千米（620 英里）。如今人们还能够在阿尔玛桥附近参观，而系统的其余部分，一直不对外开放。与其说下水道系统是当代旅游的目的地，还不如说它是巴黎公共设施意象的一部分，以及 19 世纪现代化的一段记忆。不幸的是，随着时间的流逝，人们开始将巴黎下水道的物质、历史和隐喻意义，视为理所当然；而如今，只有当下水道系统出现故障时，或是在玩《刺客信条：大革命》这款游戏时［有些行动发生在"光之城"（La Ville Lumière，巴黎旧称）的黑暗下水道中］，人们才会给予它应有的关注。

一位都市探险家站在某个接合处，纳达尔曾在 19 世纪晚期拍摄过此地

曝 光

　　当地底空间被挖掘、曝光，并仔细审视的时候，它的形象也以更具体的方式出现。在冠冕堂皇的外表之下（例如考古学科所揭示的），曝光的地底有利于研究知识的起源，并通常被作为文化遗产来研究，因而也获得了各种政府资助机构的认可与支持。为了追溯历史，考古学家们揭开城市隐藏的地层，这个过程就像把洋葱层层剥开。他们揭开层次分明的过往时间，而每一个连续的地层，都按与时间演变相反的年代顺序，产生出都市历史的知识，至少理论上如此。同时，每一层都有其自身的历史，并伴随着一系列故事，有些故事还跨越时空重叠。

　　闯入都市地底的非法旅行，是另一种不同形式的曝光，这类形式也被统称为"都市探险"。历史上最早的城市探险家，或许是 19 世纪的记者，例如约翰·霍林斯黑德（1827—1904），他曾冒险进入伦敦的地底，以满足自己不知餍足、"喜爱下水道之美的嗜好"[1]。布拉德利·加勒特指出，霍林斯黑德的探险，是近来"不断发展"的都市探险实践的原型（下水道探险通常被称为"排水"）[2]。今天，通常是一些藏于视线之外的场所，深深吸引着都市地底探险家，比如下水道、隧道和废弃的地铁站，而他们往往采取口头报道结合精美照片的形式，曝光这些场所。至于不那么喜欢冒险的探险家，则可以通过官方（有时是非官方）的旅行，参观一些批准开放的场所。第三种形式的曝光与地缘政治有关。在南极洲东部的冰层下，曝光地底和建造"冰下之城"，这一举动既前途光明，也危机重重，尤其自冷战年代起，南极洲在地缘政治上的重要性大大增强[3]。挖掘、探险或是曝光，所有这些实践的共同点，在于人们对都市地底的兴趣，以及将它作为充满意义的场所，尽管其意义仍然尚未揭开。

　　曝光地底或许会引发争议，对小说家维克多·雨果来说，巴黎的下水道和地下墓穴就是这样的典型。在消除地面存在的社会等级差异中，下水道和地下墓穴体现了"平等"的根本真理，即使实际上这一点在地面上几乎没什么价值。对于当代都市探险家、考古学家，以及南极洲的国际利益相关者来说，地底研究或许要根据个人的实地遭遇，才能揭示场所的特性，而社会的期望和限制，在此统统被抛诸脑后。

自上，而下：巴黎地下墓穴

大卫·L·派克

巴黎有两种地下空间与"地下墓穴"一词有关。其一是 18 世纪末期建于城市采石场（carrières）内的市立藏骨堂，这些地下石膏采石场位于巴黎南部蒙苏里平原的地底；另一种则是指藏骨堂所在地之外，范围更广的采石场网络。在巴黎的空间表征中，这两种场所都有着漫长的历史和重要的地位。前者与影像革命、平等和秩序等因素强烈相关，后者则与犯罪、颠覆和反抗秩序有关，而关联的程度也同样强烈。

位于蒙马特尔和肖蒙山岗地底的北部采石场，有各自的历史，但是只有"左岸"隧道才一直留存至今。"左岸"隧道的故事开始于巴黎现代化早期，当时由于开采石头，巴黎城门下遗留下来一些隧道，这些隧道常常被走私犯和窃贼所利用，并为各种都市传说加工厂提供原料素材。但直到 18 世纪 70 年代，由于一连串的塌方事件，在人们熟知的巴黎地面下方，揭开了一座存在的秘密之城，整个网络才引起了公众的关注[4]。绘制采石场的地图并将其加固的决策，可以追溯到 1777 年采石场管理总局（Administration Générale des Carrières）成立之时；就在同一时期，巴黎教堂墓地引起了举国争论，促使市立藏骨堂于 1785 年建成。这两项积极举措，不但增加了摇摇欲坠的君主政权的象征性权威，同时还带有现代化的论调，而革命政府在坚持现代化的同时，依然延续旧制度（ancien régime）的团结政策。与此同时，藏骨堂为世俗和宗教有关当局之间的关系，提供了强有力的、新的转喻，因为在这里，各种阶级、不同头衔人士的遗骨混合在一起，以抽象的模式来安放，而非按照姓名和社会地位分配位置。

尽管当局表面上宣称有人故意破坏文物，因而隔三差五禁止公众参观，藏骨堂依然很快成为必不可少的城市景点[5]。有关参观的记述，则出现在旅行纪录片或诙谐的城市文字作品中，例如大幅报纸"法国绿地，或汤姆和杰瑞漫游巴黎"（1822）。这里至今依然是大众喜爱的旅游胜地，如内心所愿，人们有序而平静地漫步其中，穿过"死亡帝国（empire de la mort）"（就像入口上方的牌匾上所写）。因此，当地下墓穴恰如其分地担负其职责时，比如体现对死亡现代、开明的态度，传统的、与死亡领域有关的恐慌感，也转移到了藏骨堂周围的采石场网络中。19世纪的相关文学著作，包括以犯罪和颠覆活动为主题的历史小说，例如埃利·伯塞特（Elie Berthet）的《巴黎地下墓穴》（*Les Catacombes de Paris*，1854年），和亚历山大·仲马的《巴黎的莫希干人》（1854—1859），还有讲述居住在巴黎地底冥界，类似莫洛克人（未来人）的奇幻故事，例如加斯东·勒鲁的《泰奥夫拉斯特·隆盖的双重生活》（*La Double Vie de Théophraste Longuet*，又名《大盗回魂》，1903）[6]。

　　20世纪上半叶，地下墓穴从流行文化中销声匿迹，但在第二次世界大战期间，由于被"自由法国"军队和德国武装力量所使用，它们又重新浮出水面。接着在1968年5月，也就是自1870年以来，巴黎持久革命热潮的第一个阶段其风头更盛。法国境遇主义者（Situationists）是1968年事件背后的主要理论推手之一，在作品中，他们将自己置于"主流文化的地下墓穴"

一名"地下菲尔"成员，在巴黎地下墓穴的某个房间中休息

中 [7]。例如克里斯·马克的异教科幻影片《防波堤》（*La Jetée*，1962），该片重点描写了隧道中的战俘和时光旅行实验，影片中夏洛特宫殿的地下隧道曾经被抵抗军所使用。其后的讽刺电影《洞群》（*Les Gaspards*，1973），则想象了一个尼莫船长（科幻名著《海底两万里》中的主人公）式的叛乱分子，他在巴黎地面上打洞，来抗议为了建造停车场而破坏巴黎的老城区。尽管（或许是因为）从 1955 年以来，未经许可就进入这些隧道是非法的，但自打 20 世纪 70 年代以来，通过"地下菲尔（cataphiles）"的活动，地下墓穴还是不断在主流文化中亮相。"地下菲尔"这群都市探险家，费尽心思闯入巴黎地下空间，还与所谓的"地下警察（cataflics）"不断斗争，因为对那些企图避开安防力量的人来说，被派往地下墓穴的维安警力已为众人所知。

　　虽然许多"地下菲尔"的成员是年轻男性，但仍有少数女性，他们对于非破坏性的秘密活动，以及网上有关他们"英勇行为"的文献记录，感到无比兴奋。不过在 2004 年，出现了更有野心的境遇主义继承者。当时在夏洛特宫殿附近的一处地下隧道中，发现了运营中的电影院和餐馆，而这些设施是由名为 UX（Urban Experience/Experiment，城市体验 / 实验）的大型组织中一个曾经秘密的团体建造。他们的目标是"营造一种典型的巴黎现象……塑造一段我们未知时期的怀旧之情。区域面貌适时地闪现，UX 的工作内容就是定格、融解和改造"。[8] 都市探险带着落伍的反独裁主义情绪，与带有戏谑行为的保护主义相结合，在地下墓穴中找到了完美的落脚处。与世界各地城市中的都市探险一样，地底巴黎的当代魅力暗示了 19 世纪的地下已被牢牢确定为濒危的都市空间。它也提醒着我们，"正常的"城市街面看起来缺乏的一切事物，地底都能够轻松地替代。

系统中的裂缝：安特卫普预地铁隧道

亚历山大·莫斯

　　人类迫切需要创造自身居所，挖掘地下空间就是这种力量的表达（或意念）。只要是在地理条件允许的地方，并且越来越多地在从前缺乏条件的地区，人类热衷于从地球表面向下挖出空间，并将这些空间与某种或其他多少带有功利主义的用途相结合。这种现象无处不在，而纵观历史也是如此。这样一来，经过漫长的时间以后，许多这样的结构最终便会在集中发展的区域生根；随着在日常街道周边地区的地下伸展，它们交织缠绕，有时还彼此交叉。城市越大，决定的各种因素更多，支撑城市活动的基础设置就更复杂。当代欧洲主要特大都市如伦敦、巴黎和柏林，这类建筑都多到令人尴尬的地步，包括地下墓穴、军事避难所，以及交通、排水和公用系统等，它们群集在一起，令人眼花缭乱地排列着，其总数人们不得而知，只能凭经验估计。因此，它们隐匿于想象的领域中，形成了城市的神话，成为有感染力的故事星云。随着有闲资产阶级逐渐掌权，部分为了回应、部分为了转移地底故事的诱惑，使得地底空间产生了新奇的用途，也就是体验地底空间本身，并物化为一种旅游入场券，仅允许人们在预定的时间内进入这些空间。

　　从丘吉尔的伦敦作战室，到终年受大众追捧的巴黎地下墓穴，许多城市正日益迎合公众"体验"地下居所的嗜好。尽管安特卫普（Antwerp，比利时北部）历史上是座港口城市，这也是目前它的主要定位，其地下基础设施发展相对落后，但并不妨碍它成为利用地下资产的较新城市之一。自 2005年开始，安特卫普为游客提供机会，体验非凡的、中世纪和文艺复兴时期的排水系统——瑞恩下水道的一小段。资本主义具有复制自身成功条件的趋势，

到 2013 年为止，安特卫普地底的一条隧道中有照明，却无轨道

这一特征从逻辑上来说不可避免，安特卫普近年来还扩大了成功带来的特权。它通过提供机会，让人们在"沉睡的巨大管道（slapende reuzenpijp）"中行走，促进对当代公共设施的"体验"。这条管道原本是为了重要的交通运输，开凿于特恩豪斯班（Turnhoutsebaan）下方，但从 20 世纪 80 年代起就被封闭了。这条未完成的线路，从剧院站到莫尔克霍芬站（Morkhoven），一直扩展到了安特卫普预地铁系统（Antwerp Pre-metro），尽管它早已停工，政府还是在 2004 年通过了"天马计划（Pegasus Plan）"，这意味着将推动接近完工的基础设施工程全面投入使用。多年来，这里一直处于炼狱般的状态。有一天它引起了都市探险家的关注，从此便开始迎来新的访客，并再次与世界分享它既存的非凡事迹。2015 年 4 月，隧道东段的一部分开放运营，也结束了这个怪圈。在一阵纪念的礼炮声中，二万名安特卫普人游行穿过蜿蜒的混凝土隧道，这段不同寻常的历史终于画上了句点。

尽管隧道中人来人往，我依然希望这些地下漫步者能够获得迷人的体验，就像我几年前走下隧道时的感受。当你发现自己身处一条未完工而废弃的"（无）非场所"地铁线上时，你正在面对完全特例的空间，它剥去了日常生活中环境被高度控制的假象。乍看上去，这些区域和功能区之间大同小异，但是累积的效果却意义深远。既没有刹车尘形成的绿锈，也没有各式各样的都市尘垢，运营中的隧道仅靠形状的不同与车站区分，每一个冰冷、未完工的混凝土表面，构成了一幅不间断的全景画。人们仿佛漫游在一下子被渲染成四次元的 CAD（电脑辅助设计）或 CGI（电脑成像）图像中。这些沉睡的巨大空间，就像存在于一个奇特的"第三区"中，或者说处于消费区（干净、明亮、由复杂的招牌和广告形成）和工程区（发黑、嘈杂昏暗、不讲究外观）之间或之外。没有常规的列车和乘客以特有的节拍流动、飞驰通过的景象，这个网络系统看似死气沉沉、戛然而止，而活生生的可能性却又令人目眩神迷。你既可以在车行轨道上散步，也可以在车站内四处奔跑，还可以沿着隧道上上下下、来回走动。仅此一次，你可以在建筑原本的真实性中驾驭这个系统。长久以来人们早已意识到，迷路也可以成为一种有益的体验，而在这个完全缺乏"符号学"框架的地铁系统中，你不乏迷路的机会。尽管如此，它依然是一个线性系统，也就是说，一旦抵达尽头你便无路可走，只有走出去或原路返回。

层叠的都市：雅典

亚历山德罗斯·特萨科斯（Alexandros Tsakos）

考古学在希腊占据着极为突出的地位，全世界少有国家如此。然而，希腊的公共建设往往凌驾于考古学调查之上，使得国家丰富的文化遗产面临着风险。此外，国家高度的民族自豪感却又仰仗于考古学发现，相比较而言，这就构成了一种悖论。希腊首都雅典，通常就处于这类两难局面的焦点。

当今时代，雅典经历了爆炸式的人口增长，迫使人们建设大量的新基础设施，却侵犯了考古学家珍视的圣地——雅典古老的地底。尽管与2004年雅典奥运会筹备阶段相比而言，今天这种情形算不了什么，因为当时有几十个建设工程向下挖掘，穿透了雅典自身的基础。

雅典地铁或许是奥运会前夕最备受瞩目的工程。在这个新的、大型地下网络工程建设期间，为了保护挖出的古迹，各方面都遇到了挑战，包括收集考古学资料，而这些资料最终在建成的各个车站中展示。在距卫城（Acropolis）最近的火车站位置，也就是在马克里扬尼区（Makriyanni）下方，或许最密集的考古学工作就在那里持续进行。扬尼斯·马克里扬尼斯将军曾在1821年领导了希腊的独立革命，这附近一带就是以他的名字命名。扬尼斯晚年越来越热衷于雅典城内的古希腊遗址，他呼吁保护和发展这些历史遗迹，而希腊蛰伏于奥斯曼帝国的统治之下，长达400年之后才崛起，因此这些遗址已成为国家价值的原型。

命名与爱好文物古迹有关的地区，并非只有马克里扬尼区。卫城北边的凯拉米克斯（Kerameikos，意为"陶瓷的"）区，就是以古时位于当地的陶艺工坊命名。直到最近，这一带还有大量的陶艺工坊，成为生产厂房和工人阶层住宅的中心。凯拉米克斯已逐渐形成一个文化区，有许多工坊和老建筑被改造成了剧院。

雅典的博物馆也对外开放，其中包括世界十大伊斯兰艺术博物馆之一——由贝纳基基金会创建的贝纳基博物馆（Benaki Museum）。博物馆计划在现存的、存放藏品的19世纪建筑下方建造地下艺廊。但是由于挖到一部分古城最初的防御工事，修建工程被迫中断。这些5.6米高的遗迹，最终被整合到博物馆内。事实上，它们为这座存放伊斯兰艺术作品的机构提供了古希腊式的基调，而这些艺术品都来自于世界上长期敌视希腊的一部分地区。说起来，这种发现对市政当局也算是一种安慰，因为毫无疑问，他们正想方设法寻求更为"希腊式的"语汇，来锚固这座"外来的"公共博物馆。

实际上，大多数来博物馆的参观者都是外国人，对保存在地下空间中的古遗迹，他们熟视无睹。这些遗址更多的是一种时代的象征，它证实了某种观念：即一些建筑材料本身充满了神圣的特质，使之区别于其他材料而无法抹灭。即便如此，作为 21 世纪雅典的文化机构，如果贝纳基博物馆要想取得成功，那么它还必须整合一种隐喻式的地底。这层地底，既不是奥斯曼帝国的过去，也不是阿拉伯伊斯兰哈里发对拜占庭帝国不断摆出的威胁姿态，而是被边缘化的合法或非法移民，他们如今居住在雅典市中心，尤其是就居住在博物馆正后方的那些街道上。

雅典贝纳基博物馆下方的古遗迹

秘密的城市：威尔特郡伯灵顿

布拉德利·L·加勒特

　　2009 年至 2010 年间，漫长而寒冷的冬季开始来临。我们得到消息，一些都市探险家从邻近的采石场挖隧道进入了威尔特郡的国防部核碉堡，这座封闭的核碉堡占地达 14 公顷（35 亩）。我们还被告知，要想参观核碉堡，必须行动迅速。由于这座核碉堡的历史意义无与伦比[9]，我们当然想一睹真容。

　　伯灵顿（Burlington,）以英国的"秘密地底之城"著称，在冷战高峰时期，它建于废弃的巴斯石（Bath Stone）采石场地底深处，是国防部保守最严的秘密之一[10]。它长 1 千米（0.625 英里），宽 200 米（660 英尺），能够容纳 4000 名政府雇员和公务员，并藏在一座自给自足、防辐射的石棺中。如果发生核袭击，英国政府甚至可以在这里重建。2004 年，解密的设施地图表明，里面有一座电话交换站、一个皇家空军指挥中心、办公室、厨房、一座 BBC 演播室、水处理设施、餐厅、工坊、住所，以及一座图书馆，据推测图书馆中放满了重建英国政府所需的文件。自 20 世纪 90 年代以来，这个场地已被封存，但依然持续维护，每年还要花掉纳税人 50 万英镑。根据我们收到的报告，里面摆满了保存极好的艺术品。甚至有人报告称，有个房间里堆满了转盘式电话机，而每部电话机上都饰有皇家纹章，并依然包在塑料袋中，如同摆在货架上一般。

　　我们较晚才到达，并顺利工作到夜里。大家用手电筒检查了邻近采石场墙面，想找到那条新挖掘的隧道进入核碉堡。最后我们得出结论，通过一扇巨大的红色防爆门，是唯一可行的入口，但这扇门封得死死的。如果不是我们得到了错误的信息，就是在我们抵达前，有人把这里重新封闭了。我们检查了这扇防爆门，发现还有一点余地。从一侧向里窥视，可以看到有个带螺纹的轮子，在另一侧将门锁闭了。我们从采石场找来两根大金属棒，锲入门顶和门底边缘，朝门施加压力，再把门从门框中移开，直到我的上半身能够通过，随后我够到了门后的轮子并旋转开。轮子掉到地上，另外两位探险家随之把门撬开，门猛地打开，伴随着铁锈的刺耳声音。

　　我们在里面发现了一组电动车，于是发动车子，并绕着"城市"兜了一整夜，车子打滑并转弯，我们大笑着拍照，每个人都惊慌失措，但又完全沉醉其中。在这座碉堡中四处狂奔，是我喜爱的一段回忆。离开的时候，我们费了很大力气才关上防爆门，并让碉堡几乎保持被我们发现时的原样，因

为不得已，翼形螺帽可能闩得有点松。

2014 年，经过两年很公开的调查和审讯之后，我在伦敦"黑修道士"皇家法庭（Blackfriars Crown Court）认罪，罪名为移除门上的翼形螺帽，在近期的记忆中，这大概是最可笑的刑事破坏罪吧。法官宣判了有条件释放令，并告诉我，"加勒特博士，显然你的前途一片光明，但在这次的研究中，你可能有点忘乎所以"。当时，这样的批评让我有点难过。然而，当我重温那晚在碉堡中拍摄的照片，并写下这篇文章时，不禁想到，我当然会忘乎所以，因为当时我们正开着电动小车，在秘密的地底冷战堡垒中游逛。英格兰文化遗产协会（English Heritage）最近表示，他们有兴趣保护场地的一部分作为历史名胜古迹，如果这项计划能够执行，我殷切地希望，他们能够打印一张我们的照片放到解说牌上，因为不管人们是否喜欢，我们现在已成为伯灵顿碉堡奇特历史的一部分。

寒冰之下：极地的地底

克劳斯·多兹

南极和北极的冰盖、冰河与冰山，以同样的方式激励、启发或惊吓着大批军事策略家、小说家、电影制片人、政治家与科学家[11]。它们凭借自身的力量，令人望而生畏、止步不前，哪怕只是航行、定位或是领略其意义，也如此困难。恶劣的天气、偏远的地点，再加上意外与灾难，使它们成为深深困扰着人类的空间。特别是遇到暴风雪和"极地大暴风雪（white-outs）"的时候，很难保证水平视野的清晰度；此外，乘飞机通过极地地区也不是万灵药，因为机器很容易结冰，而冰缀和云层也一定会给"俯瞰的视野"带来麻烦。

一直以来，来自地下的视角是一个相当另类的议题。寒冰之下是什么？冰层有多深？在那里可能会发现什么？对于有些人来说，需要全面考虑一系列荒唐的可能性，才能回答这些问题："希特勒的第四帝国（Fourth Reich）可能在南极重建自身，外星人和 UFO 可能把北极和南极当成自己的'家'。"而这类题材的小说，比如 H·P·洛夫克拉夫特的《疯狂山脉》（1936）则构想了一个失落许久的社群，居住在南极的冰雪世界中。

在冷战期间，这类问题引起了一代军事策略家的兴趣，他们坚信北极

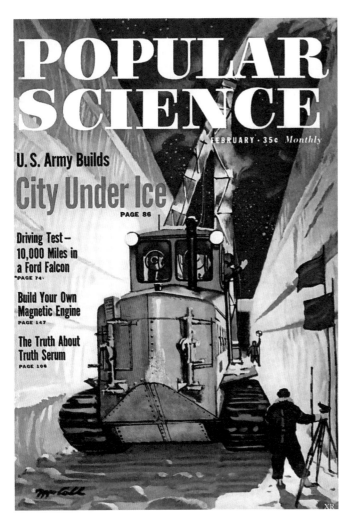

POPULAR SCIENCE

FEBRUARY · 35c Monthly

U.S. Army Builds
City Under Ice
PAGE 86

Driving Test –
10,000 Miles in
a Ford Falcon
PAGE 74

Build Your Own
Magnetic Engine
PAGE 147

The Truth About
Truth Serum
PAGE 106

《冰虫计划》：
美军的冰下城市
刊登于 1960 年
《大众科学》的
杂志封面

是美国和苏联之间新的地缘政治前线，同时，并非只有他们提出了这种假设。电影也生动再现了埋藏在北极地底的各种可能性。在《异世界来客》（1951）中，一群驻扎在北极附近的美国士兵发现了冰层下方的不明飞行物。影片描绘了揭开冰层中的神秘来客后发生的故事，以及调查和对抗"突变第三型（The Thing）"的人内心激起的恐慌。尽管这一次"异形"被打败，驻扎在那里的男人和女人毫无疑问地幸存下来，然而在极地冰面下，很可能还埋藏着其他的外星飞船。此外，约翰·卡朋特翻拍的《突变第三型》（1982）再次热烈讨论了这一主题，影片中，挪威的南极科学家无意中发现了一艘外星飞船，并在本国基地引发了骚乱，接着便波及到美国监管的基地。

格陵兰以最为壮观的方式，对冰层隐藏和储存事物的能力加以利用。非凡的"冰虫计划"就打算在格陵兰冰盖下建造可移动的导弹发射站。这一构想诞生于 1960 年，当时还打算通过推广所谓"营地世纪（Camp Century）"来蒙骗丹麦政府。表面上，这些计划只是研究在冰层下工作的可行性，实际上却极为非凡。在冰层中将凿出绵延数千千米的隧道，并部署多达六百枚核导弹。多亏冰川学家几代人的努力，策划者发觉了一个事实，即冰层并不稳定，而导弹发射器移动起来要非常规律。经过 6 年时间后，隧道和基础设施都已完工，还连带建了一座移动式核电厂。然而在 1966 年，这项计划被取消了，因为科学家和工程师们发现，冰层的物质性绝非他们能够控制，厚重的冰层恐怕会压毁隧道、导弹，以及当时处于地底的其他事物 [12]。

南极冰盖下到底藏着什么？这种推测让科学家们感到既兴奋、又困惑。

国际地球物理年（1957—1958）在评估冰盖厚度以及冰块下面的可能物质这两方面标志着重要的转折点。英、美科学家们利用地震勘测，发现了更多关于极地冰盖厚度及其构成成分的事实。而较近期的工作，则让我们进一步认识了冰川下的湖泊和"隐藏山脉"[13]。科学家们还凭着极大的热情，利用遥感技术和冰层钻探，挖掘和探测了南极冰层的核心，而这一切都是以"更好地了解东部南极冰盖"的名义进行。

在寒冰之下，存在着强大的科学和地缘政治学的力量。科学家们不断努力，以期增加对冰盖动态的理解，这是由于格陵兰和南极洲坐落在环境前沿，而冰层的命运与全球的未来息息相关，而这种未来，无疑多数时候是不为人们所乐见的，比如一个没有冰雪的世界[14]。寒冰之下，也不断为作家和电影制片人带来灵感，去想象"异形"和遭到污染的人类生活，而它们都有威胁人类社群的能力。

城与城：地下的西雅图
保罗·多布拉什切齐克

随着时间的流逝，都市环境由堆叠的层次构成，这一概念已不足为奇。城市往往被描述为"重写本"，即没有任何事物曾经真正被擦去，而新的结构只是建立在一些残留的形式之上。或许没有任何其他地方，比西雅图的地底，更能真正体现城市如同"重写本"这一比喻。位于市中心的西雅图地底，是由通道和地下室构成的网络，而19世纪城市发展之初，它还在地面之上。

如同许多早期的美国城市，西雅图遭一场大火破坏殆尽。1889年6月6日，一个家具木匠不慎点燃了一罐胶水，31个街区的主要木建筑被烧毁。但不同寻常的是，市政领导们并没有按照大火前的原貌重建西雅图，而是彻底改变了都市空间的性质。他们重整了街道，将原有标高抬高了一到两层以减轻洪灾，并用防火的石材或砖修建了所有的新建筑。由于西雅图的街道被抬高了3.7~9米（12~30英尺），使得老城区被保护于新城区之下，老城也成为一座名副其实的"城下之城"。新的人行道建在原有的砖砌拱门顶上，玻璃纤维灯嵌在拱顶内，照亮了地下空间。许多商人在火灾中幸存的建筑最底层继续营业，使得这座地下城重新焕发出勃勃生机。1907年，由于担心黑死病爆发，西雅图市政当局宣告停用了这些地下空间，它们大多数被废弃，成为仓库或非法活动场所，例如流浪者的庇护所、赌窝和非法酒吧。

西雅图"城下之城"最近得到曝光，大部分是一名男子创办公司的结果。1965 年，当地居民比尔·斯派德尔创办了"地下之旅"，顾客只要缴纳费用，就可以参观先锋广场（Pioneer Square）下方的一部分地下之城，还能够分享斯派德尔关于老城居民的一些骇人故事 [15]。时至今日，这种观光旅行依然很流行，还得到扩展和多样化，包括主题式旅行，例如仅限成人参加的"地狱之旅"，探寻这个空间中原本存在的卖淫、吸毒以及其他穷凶极恶的不法勾当 [16]。

从某种意义来上说，"地下西雅图"具体化和曝光了人们对于城市"双重性"的奇特幻想。柴纳·米耶维的小说《城与城》（2011）和杰拉德尔·麦克莫罗的电影《永恒之门》（*Franklyn*，2008）就是以这种双重性为基础建构。在这类虚构的作品中，一座想象中的城市与相对应的"真实"城市共享空间，而在这两部作品中，那些周旋于两个城市之间的人创造了"违禁"规则，破坏规则将导致奇怪和危险的事件。米耶维所构想的两座城市，都是以冷战末期的柏林为蓝本，当时的柏林含有五花八门的边界，一些是文字意义的，另一些则是隐喻意义的。而影片《永恒之门》中的双伦敦，则既是当代的，也

透过西雅图地下空间的天窗，看向地面的城市

是未来主义的城市，后者还是受宗教统治的反乌托邦之城。这两个都市世界，一个平淡无奇、众所周知，另一个却奇异而隐秘，由于人们渴望扩大对城市的理解范围，激起了调和这两个世界的幻想。因此，如同西雅图地下之旅，把都市的地底曝光在人们眼前，或许不只是反映出旧城的隐秘空间已日渐"旅游化"，而更是反映了人们渴望多样地解读城市。法国符号学家罗兰·巴特（Roland Barthes）阐释道："这种多重解读城市的作品，不仅是为了引导我们进入新的都市空间，也是城市自身存在的根本宗旨[17]。"缺少它，我们的城市环境将变得索然无味，而不是为我们每个人诗意地存在。

边　缘

　　另一种不同类型的曝光，发生在城市和地下空间自身的边缘，不论是位于波罗的海数米远之外，还是在纽约市中心地下数米深处，抑或是在非洲大陆的端头。边缘就是指处于周围的，但不仅仅是指传统地理学上的意义；它们可能处于物理空间中的城市郊区，但也可以是象征性的，比如借由某种正确的因素触发，重新跃入人们脑海中的遗忘之地——可能是一个名字，或是一种声音，甚至是凝视一幅18世纪的油画时，头脑中瞬间涌现的新思路。

　　通过研究边缘的概念探索城市地下空间，也使我们认识到一些意想不到的特质：连接佩特萨尔卡［布拉迪斯拉发（斯洛伐克首都）最大的住宅小区之一］的地铁基础设施尚未完工，现在却改成了一个靶场；长期被遗忘的湖泊引领着城市探险家们和市长们，开始复兴布雷西亚的城市历史（Bratislava，意大利北部城市，有着重要的古罗马历史）。边缘还暗示着"封闭"和"些许偏僻"，换言之即"偏离中心"或是"古怪反常"。

　　此外，无论是大都会还是殖民地，城市的边缘都意味着彼此不断装腔作势的过程。在这一过程中，城市中心和周边地区相互交叉混合，一方面不停改变立场，另一方面创造出新的特征，且双方都部署混合的武装力量，相互"异花授粉"[1]。边缘还唤醒对其他事物的想象，一旦我们记起它们的存在，这些事物就会重新浮现心头：例如，纽约大中央总站地下封闭的走廊，开普敦17世纪中叶荷兰人堡垒的地下通道，或是伦敦参议院图书馆（Senate House Library）中曾经用来控制供水和暖气的控制面板、手柄和仪表。

　　伊塔洛·卡尔维诺在《看不见的城市》一书中，探索了欧多克西亚城（Eudoxia）的精髓：在这座城市中，"有一张保存的地毯，透过它你可以观察到城市的真实面貌。"欧多克西亚是一座起伏的城市，"有蜿蜒的大街小巷、死胡同和简陋的小屋。"[2]作为城市象征的地毯以及城市本身，连同城市中所有的行为，互相映射，并同时发生改变。借由作为边缘的地下空间，我们更加充分地理解了城市、城市的表征以及观点之间的联系。因为正是在边缘之地，三者才得以结合起来。

都市韵律：圣彼得堡地铁

安娜·普莱尤什特娃

一般来说，建造地铁系统耗资巨大，并需要调动一切可行的工程创意和政治智慧。人们通常将地铁系统作为骄人历史的一部分，或是某种强有力的象征进行讨论，因其发展往往被视为代表着国家、身份和进步。然而，对大多数乘客来说，地铁主要代表着都市日常生活的常规程序，即往返于 A、B 两点之间的、重复的平凡旅行。

俄罗斯地铁系统有着宏伟的空间、隆重装修的车站，映入参观者眼帘的地下景色令人难忘，就这些方面而言它别具一格。由此可知，撰文描写圣彼得堡地铁，以吸引读者关注城市地下交通的平凡日常，是件特别困难的事。当我试图将圣彼得堡地铁作为人们日常熟悉的事物重新加以构想时，我的注意力转向了与构成圣彼得堡"品牌"无关的那些因素；我开始更仔细地观察，找寻更多关于"移动的行人和事物"的交通场所，而不仅仅是把这里当作"塑造城市形象"的地点来看待。因此，"海滨"站（Primorskaya）成为这则故事的重点。

海滨站位于圣彼得堡 M3 地铁线终点的一个居民区中，只要步行一小段距离便能到达波罗的海海滨。尽管位于街面地下 71 米（233 英尺）深处，海滨站还算不上圣彼得堡最深的地铁站之一[最深的海军部站（Admiralteskaya），在地面下深达 86 米（282 英尺），令人印象深刻]；海滨站建于 1979 年，比 1955 年圣彼得堡地铁初始段开始运行晚了二十多年，因此它也不是最古老的车站。在关于圣彼得堡地铁系统的诸多出版物中，专门介绍这一站的段落似乎惜字如金，连冷知识都少得可怜："圣彼得堡仅有两座地铁站，开放时间随着单双数日期而变动，海滨站便是其中之一。"[3] 尽管与圣彼得堡城市地铁博物馆相邻，海滨站单独的站台上几乎很少看到游客。至于地铁博物馆本身，则由于长期翻新改造而关闭。在我造访圣彼得堡期间，没有发现任何曾经进入过博物馆的人。

　　海滨站的室内质朴大方。柱子的设计和照明方式，似乎都只为尽可能低调地展现大理石表面的美感。站台远处尽端拱门下的金属船锚雕塑，是车站仅有的醒目标志，用以庆祝本站具有航海意味的名字和地点。与起义广场站（Ploshchad Vosstaniya）古典的浅浮雕饰面相对照，或是与高尔基站（Gorkovskaya）未来主义风格的新门厅相比较，海滨站看上去完全不起眼。

　　然而，这趟平凡的地铁之旅本质上却意义非凡。它是令我们一瞥城市日常节奏的捷径，也给我们带来在人群中信步闲逛的机会，而周围的人们都对周边的道路了如指掌。自从火车站兴建以来的 35 年间，海滨站的周边地区持续进行改革，当地居民的生活也发生了不小的变化。自 1991 年苏联政府解体后，霓虹灯广告牌和超市渐渐占领了这一区域。海滨站开放的时候，位于车站和大海之间的西面邻近地区还是一片城市荒地；当时那里的沼泽地尚未被排干，仍未腾出空间，以兴建近期如雨后春笋般涌现的高层公寓大楼。在地铁站施工建造之后，东面的老公寓楼遭受了严重下陷，人们不得不在 20 世纪 70 年代晚期和 80 年代早期对其采取了加固措施。扩建地铁工程

海滨站售票处，
圣彼得堡地铁的
一部分

数十年来，由于圣彼得堡复杂的地质状况，以及政府建造地下空间的野心，两者一次次发生冲突，因而这类常见的小麻烦见怪不怪地遍布了整座城市。有些冲突甚至造成了戏剧性的影响，比如在测试新技术时，为了挖掘和加固更深的隧道，偶尔会发生全部街道陷入城市沼泽土中的结果。

由于它的历史背景，海滨站成了周边领地。港口吹来的凛冽寒风横扫着周围邻近地区，人们所知的只有开裂的墙壁和倾斜的楼梯这类小插曲。尽管如此，这些外围区域的场所和历史仍然是丰富的，并能引起人们的共鸣。对于圣彼得堡的游客来说，搭车一小段距离前往海滨站的短暂旅行，能够带来深入洞察地铁生活与城市的独特视角。如果你还是不信，整修过的圣彼得堡地铁博物馆或许能使你改变心意，而这座博物馆已于 2015 年 11 月重新开放。

失控的空间：开罗地铁

亚历山德罗斯·特萨科斯

　　我最后一次造访开罗解放广场（Cairo's Tahrir Square）是在 2012 年，当时我无视反对旅行的警告。暴乱不断发生，并以意想不到的方式扩大。尽管如此，我仍需要在这个特殊的日子里，参观埃及博物馆和拯救努比亚遗迹组织的办公室。而解放广场就在附近，那里显而易见的危险和刺激诱惑着我，因此我还是忍不住前往。如果遇到麻烦，我自信可以轻松地窜入最近的地铁站逃脱。

　　然而，当我看到石头飞掷、战争爆发、人们四散逃窜，听到远处传来的爆炸声，我意识到我所知道的地铁入口被封锁了，这时脑海中有一个声音朝我呼喊，"跑到下一个入口"，于是我拔腿就跑。当警务人员进入车站，以保护入口安全之际，我逃下了楼梯。令人宽慰的是，我发现自己被挤在成百上千的人群之中，这个地下空间很安全。

　　在拥有大约一千万居民的大都市中，通勤耗费了大量时间和精力。由于地面上长期拥堵——开罗公共交通系统每天甚至高达 500 万次班次，因此地下通勤也就成为了唯一比较有效的城际旅行方式。地铁也给外地人以信心：在抵达开罗前的一个月，尽管知道我有可能住在开罗城市的另一端，我仍然

开罗地铁烈士站
的站台

信心满满，确信能够在科普特博物馆安排一次会面。

　　然而，如同城市中许多其他空间，开罗地铁现在充斥着公众骚乱、政治暴力和革命，令人恐惧。乘坐地铁或许是城市仅有的文明交通方式之一，地铁中有规范的礼仪，即使政治立场和社会背景对立的人，以及不同性别的人，都不必担心旅途中发生冲突。尽管如此，开罗地铁仍因性别歧视问题而声名狼藉，埃及男性还经常在地铁车厢中骚然女性乘客（特别是外国女性）。试问这些地下空间真的能够成为地面动乱的避难所吗?

　　由于感觉到了危险，我决定在下一站下车。阿尔舒哈达（烈士）站，原名为"穆巴拉克"站，直到2011年革命爆发，导致总统及其腐败政权结束，烈士站才由此更名。我随着乘客的人潮移动，但是脚步缓慢，因而在抵达出口前，我几乎被独自留在了站台上。我停下来打量着带有车站站名的瓷砖墙。烈士站于1989年开放，它是开罗地铁最早的运营区段之一；当时非洲仅有两座城市提供公共交通运输，开罗是其中之一。另一座城市是突尼斯，1985年突尼斯轻轨开始运营。

　　开罗地铁总长45千米（28英里），其实只有不到5千米（3英里）位于地下。在烈士站，我意识到自己可以从1号线换乘2号线，2号线是1991年竣工的第二条地铁线，也是地铁系统中最早的和仅有的可下至尼罗河底的区段。在车站内我查看了地铁线路地图，读取了其他车站的名字：阿尔舒哈达·马萨拉，埃尔·法拉格路，圣·特蕾莎。

"圣·特蕾莎？"我沉思着，"这不是苏布拉区（Shubra）天主教堂的名字吗？我的母亲也是以它命名。"我的外祖父、外祖母都在英国人统治之下的埃及出生并长大，他们对那里的宁静平和赞叹不已。因此我离开车站前往那里。不过2012年的苏布拉区与过去殖民时期已大相径庭。我找到那所教堂，在里面得到了庇护与和平，终于逃离了市中心骚乱的危险。

当我原路折回地铁站时，我意识到无法再乘地铁返回到赫利奥波利斯市的住所。新的地铁3号线，起始于2号线阿塔巴站东北方向，而根据最近的规划，起码要等到下一个十年开始时，才有可能通车到赫利奥波利斯市（和机场）。

存在的边缘：废弃的布拉迪斯拉发地铁

彼得·吉巴斯

在捷克布拉迪斯拉发你无法乘坐地铁。然而，这并不意味着城市中没有地下交通系统。事实上，地铁线穿越彼得扎尔卡，也就是布拉迪斯拉发最大的住宅区，但这一区域的十多万居民都无法乘坐。尽管如此，彼得扎尔卡却是由于地铁线路的发展而形成的；成行的"佩诺拉基"（paneláky），即混凝土建造、预制的公寓楼，依照下方的地铁线路分布。然而，你无法乘坐这条地铁线，也无法从市中心穿过多瑙河下方去往彼得扎尔卡。五座城市地铁站的广播也无人能闻。简而言之，布拉迪斯拉发地铁很特别：它存在于彼得扎尔卡，只是从未出场。

在布拉迪斯拉发建造地铁（人们最初称其为"快速交通系统"）的计划可以追溯到1974年，当时"布拉迪斯拉发公共交通系统发展概念"战略报告获市政府部门批准[4]。在整个20世纪80年代期间，对于不同项目的讨论以及竞标一直在进行；1988年政府部门最终决策定案并开工建造。在1989年的文献纪录片中，一位设计地铁的建筑师解释道：

> 事实上，（布拉迪斯拉发）快速交通系统原本设计为真正
> 可用的地铁。由于在地面以下运行，因此地铁在为居民区服务

布拉迪斯拉发地
铁某个通往废弃
隧道的入口

时，虽与其他交通系统交叉，但在实体上并未真正穿越。同时，
通过建造地铁，彼得扎尔卡的主要空间组成轴线将最终定型。
在那里，将建造一条充满生气的居住区林荫大道，连同建造所
有的设施，它不仅联系地铁与公众，而且还与私人交通相连[5]。

后来，捷克斯洛伐克解体，推动技术和社会进步的未来承诺也随之烟
消云散。在短短几个星期之内，新政府就停止了地铁建造。挖掘机、大货车
和水泥搅拌车，连同工人、建筑师和规划师都统统消失，不见踪影。在彼得
扎尔卡所留下的，只有不能乘坐的地铁。而由于这一不存在的地铁已与周边
居住区相互交织，你还是可以沿着这条地铁线一探究竟。

在一个晴朗的夏末早晨，多瑙河水涨了起来。布拉迪斯拉发在为洪水
的到来做准备，我们则跨过旋流、湍急的河水去寻找地铁。起初，一块延伸
的巨大空地险些让我们误入歧途，因为我们误以为它是穿过彼得扎尔卡的地
铁起点，或是我们旅程的起点。我们寻思过后，还是继续向前走，直到无意
中撞见我们之前从报纸上获知的地铁的一部分——巨大而低矮的草坪中，有

一堆中空的预制混凝土装配式房屋，蔓生的灌木和乔木占据了里面一半的空间。在我们面前，呈现出一个棕绿色的空间，这个如同被夏末烈日炙烤过的草坪，直插入居住区中，并将其分成两半，似乎在邀请着我们开始这趟无法乘坐的地铁之旅。

这就是布拉迪斯拉发地铁的可见部分，灌木、乔木、通道和成排的"佩诺拉基"包围着地面上的洼地，地上到处是伸出的深褐色金属管道，由于人们遛狗，或步行前往附近的商店、教堂或住家，草丛中被踩出了一条砂石小路。植物的绿荫、小径的沙褐、天空的湛蓝以及阳光的亮白——这些就是地铁的颜色，周围是色彩斑斓、重新漆过的"佩诺拉基"（虽然有一些仍然是灰色，保持着 20 世纪 80 年代最初建造时的样子）。

我们在正午过后抵达，来到地铁路线的终点时，已精疲力竭。在最后一排公寓和环城道路的后面，野草地上有一条踩出的狭窄小路。最后，我们来到了一个半完工的列车棚前，车棚从草地一直延伸到潮湿、发霉的地下隧道的黑暗之中。今天，这条隧道被用作软弹气枪（一种生存游戏）的靶场，或者被艺术家们当做涂鸦的巨大画布——这就是布拉迪斯拉发地铁如今仅剩的地下残迹。

神秘洞穴：纽约大中央总站

茱莉亚·索利斯

我问道："这扇门后面是什么？"当时我正站在 M42 变电所的夹层，这里是纽约市中心大中央总站之下最深的洞穴。一个员工领着我参观他的工作场所，众所周知，此处戒备森严，他忽然在一扇绿色油漆斑驳的小门前停了下来。"我不清楚。"他说道，"只是一些又长又黑的通道。每次我打开这扇门时都能感觉到一阵风，但我从来没有真的进去过。"

纽约市几乎少有其他空间像大中央总站一样，令居民摸不着头脑。难怪如此——要想打造这样的空间，一切你不得不做的就是：①让它成为纽约市日常生活的枢纽部分。②打造足够辉煌宏伟的外观，吸引大批参观者［该建筑的布扎艺术风格（Beaux Arts）设计于 1913 年，并以一个生蚝吧为主要特色，里面装饰着瓜斯塔维诺（Guastavino）式的瓷砖天花板］。③散布关于其建筑布局的矛盾信息，到底深两层？五层？还是如有人声称的十五层。

④成为畅销书的主题，这些书中的描述令其布局设计更显神秘，更令人迷惑，其中最名噪一时的是 1993 年詹妮弗·托斯在《鼹鼠人》（*The Mole People*）中提到的秘密连接通道。⑤弃置三大区段不再使用，直到它们引起截然不同的传奇故事。例如，"不存在的" 61 号轨道，也就是富兰克林·D·罗斯福私人火车的最终停靠地点，终点站有特殊的电梯直通上面的华尔道夫·阿斯托利亚酒店。⑥关闭其中大部分，禁止好奇者闯入，并以逮捕和坐牢相威胁[6]。将所有林林总总的事实加在一起，你就会知道，这不仅弄得游客一头雾水，就连在同一区段工作多年的员工，都在脑海中编造了各自的车站地图。至于这些想象地图是否与现实一致，几乎无关痛痒。或许更为有趣的是，人们虚构的大量建构筑物，占据着这个异世界，包括隧道、爬梯、地窖、擅自占用的空房、埋藏的车站，以及被人遗忘的应急避难所、下水道入口、灵异火车等。

纽约大中央总站地下

有很长一段时间，M42 变电所是起源于此的铁路网络的主要电力来源。直到最近建造"东面接入"工程（East Side Access project，将曼哈顿两个主要通勤铁路系统连接至同一屋檐下）之前，这个车站大厅的底层地下室一直是大中央总站挖掘最深之处。它位于一个石墙砌成的深坑之中，人们只能通过一部电梯或者两部疏散楼梯才能进入，一些区域仍然露出基岩上爆破产生的痕迹。这里是电力系统的控制中心，因此通常被隔离于公众意识之外，站内地图也不会标示其位置。在第二次世界大战期间，荷枪实弹的士兵在入口处驻守，以防止系统遭到破坏。当然，近几年来纽约地铁的安防并未完松懈，公众仍然禁止进入车站这一区域。

"无家可归的家伙就住在隧道里面。"和善的旅行向导说道，"他们习惯于从那扇门进入，盗窃车站的铜制品并直接带出。我不知道为什么不把这扇门锁上。"在最后两个小时，我悄悄潜入变电所，查看了这个密闭空间中的每一堆垃圾，每一个密室、舱口和排水口，我不仅仅是为了弄清楚大中央总站的实际最深之处，也是为了看看在某个地方是否有被遗忘的通道。令人吃惊的是，M42 变电所本身由三个水平层组成：包含有涡轮机和配电盘的巨大门厅，其地板下面有一个狭窄的公用设施层，还有一个楼座层环绕着这个大厅。对于想要解开车站更多谜团的人来说，M42 变电所是感知和想象力的盛宴。

我问道："可以看一眼吗？"他说得没错——当他打开门的一瞬间，一阵冷风包围了我们。与明亮的车站形成对比，这里是一条漆黑的走廊，没有任何标志和涂鸦，笔直向后延伸，穿过一个溢满的水坑，之后转了个弯。由于我们当中一人穿着高跟鞋，而且大家都不想遭遇漂浮的老鼠，因此我们从夹层找来了一块厚木板，横放在水坑上。可能这是多此一举，因为这里或许是整个车站最干净的空间，这条废弃的地下干道中甚至没有一点垃圾。

旅途并不长，在几个转弯之后，通道向上倾斜，并在一堵墙前终止；我们上方高处有一个格栅，透过它温暖的火车站灯光和火车的声音渗透进隧道里。这里也是新鲜空气的来源，曾经一度，铜制品窃贼们冒险从此处滑入。然而我的好奇心远未得到满足，这个空间实际上引发了更多疑问。到底有多少条这样的通道？通道中究竟有什么？是否有通往古代地下宝库的通道，例如古老的蓝图、生锈的工具，或是从 1953 年就被丢弃的圣诞节装饰？说不定有一个动物展览，制成标本的老鼠们穿着小管理员的制服，乘坐着破旧的模型火车？这里究竟有没有地下排水沟的连接点？或者有没有一些砖砌的爬行空间，通往百老汇舞台下方老式的女演员化妆室？

乘坐电梯回到高峰时期通勤者的人潮中，有一件事情是肯定的：一些地下空间反而唤起了人们的好奇心，即使通过再多的探险也无法满足。M42 变电所的边界或许被清晰地定义于实体空间中，但它黑暗而蜿蜒的触手，早已深入人们的潜意识当中。抛开轨道规划、蓝图和挖掘示意图不说，在关于纽约地下空间的想象中，大中央总站将继续占据特殊的地位，而每一条新发现的通道，只会不断加深它的神秘感。

埋藏的水道：布雷西亚地下社团

卡洛琳·巴克尔

"所以，你到底找到了那个平台吗？"自 2012 年起，我隔三差五地向安德里亚·布西提出这个问题。那时候，我和我的制片人正在拍摄一部纪录片，介绍埋藏在城市地下的水道。诚然，一开始这一主题令我目瞪口呆。身为一名电影制作人，我该如何述说我们不可见事物的故事？一条埋藏的河流，当然可以成为热闹故事的迷人主角，但它也是令人棘手的访谈主题。

不过随着研究的进展，我们逐渐明白，这部拍摄中的纪录片并不是讨论埋藏的河流，而是探讨人们与之关系的演变——即人们对于城市环境中水资源认知上的变化。这是一部故事集合，主角是寻找消逝大自然的人们，也是一组充满情感的故事；其中一个故事引领着我们前往意大利北部，寻访一个被称为"布雷西亚地下社团"的群体。

每一位城市探险家都听说过"布雷西亚地下社团"。其背后的核心、首脑和抱负，集于安德里亚·布西一身。布西的家乡在风景如画的布雷西亚，这座人口还不到 20 万的小镇，藏于伦巴第区的山区之中。当布西还是一个孩子的时候，他开始阅读关于卡提维克（Cattivik）探险的意大利漫画书，卡提维克是化身为一滴污水的反英雄式主角。从那时起，布西开始着迷于家乡城市街道的地下事物。他和他的朋友们打开检修孔，追溯埋藏于布雷西亚市中心地下的 7 座城市，它们都与博瓦–西拉托（Bova-Celato）主河道相连，而这条河流作为布雷西亚的地下脊骨，最早由罗马人筑堤防护。如同布西所说："河流是布里西亚历史发展的主要特点。直到 19 世纪以前，布雷西亚还是一座布满河流的城市，如同威尼斯一般。曾经的景象一定令人震惊。"

然而布雷西亚的城市水道，与大多数工业化城市的河流命运相同：由于多年来被人们忽视，它们已成为垃圾横生的沟渠，并引发致命的水生瘟疫。因此，人们按部就班地将其掩埋，有许多还被并入了污水管网，消失在人们的视线之外。不过对布西来说，看不见绝非表示无意识。尽管遭到过几次逮捕，但布西组织的"入侵地下"秘密探险者联盟不断壮大。同时，他们为布雷西亚埋藏河流所拍摄的出色照片也成倍增加；那些照片的数量如此之多，以致市政当局最终改变了心意。2006 年布雷西亚市长决定，将"布雷西亚地下社团"改为一个合法的历史协会。

今天，这个组织的 24 名成员皆获准查阅布雷西亚所有的城市档案和历史地图。他们被委托在暴雨过后监控地下水位，并封闭城市检修孔，以为教

布雷西亚的地下

皇最近的访问做准备。他们还为学校团体和周末观光客，提供布雷西亚埋藏河流的旅行。自从 2006 年以来，他们已为超过 2 万人导游了穿过城市地下历史遗迹的旅行。

事实上，布雷西亚人并不需要再下至地底，就能一睹埋藏水道的真容："布雷西亚地下社团"最近的计划之一，就是在市中心的人行道上，用一个玻璃窗代替检修井盖，让河流以及它的故事，点滴重回过往行人的脑海当中。

除了观察、拍照和记录布雷西亚如今消逝的河流之外，布西最热衷的是探索这座城市的过去。当我和这个团体一起拍摄影片的时候，他们正全神贯注地研究吉奥·巴塔·法拉利（Gio Batta Ferrari）的 18 世纪油画《伊尔湖北面的德拉凉廊》（*Il laghetto a nord della loggia*），这幅画描绘了布雷西亚市中心被用作公共浴池的湖泊。湖水很久以前就被抽干并掩埋，任何关于其确切地点的记录都已消失。但是，在一座埋藏的罗马古桥和市政建筑地下可能的通道之间，"布雷西亚地下社团"发现了一处开放空间，他们相信湖泊可能曾经位于这里。我的同伴拍摄了他们挖掘、搜索锁眼形状的盥洗平台的过程，它们出现在 18 世纪的油画中。只要找到这个平台，就能证实湖泊的确切位置。布西的梦想是找到这个湖泊，从而使布雷西亚市民直接接触到这座城市的历史："我认为找到这个湖泊对这座城市非常重要。不仅是为了市长，更是为了城市。"然而，一天下来，挖掘者们疲惫不堪，拍摄组成员也极度寒冷，因此大家不得不放弃搜索。尽管如此，"布雷西亚地下社团"寻找这个古老湖泊的动力并未减少。团队在布雷西亚地下空间中发现了更进一步的线索，与法拉利画作中的元素相关。看上去他们似乎离梦想越来越近了。

那么布西探索家乡城市地下的不懈动力，究竟源自何处？他飞快地回答道："地下空间包含着如此众多的不同事物和不同概念。对我而言，它就是一场真实的逃离，如同一个梦想、一部电影。它就是一个异世界，充满着艺术性和情感共鸣。我的家乡就在意大利，这里是历史的发源地。我们怎么可能不潜入它的地下去看看？！"

地图之外：开普敦隧道

金·格尼

我们围站在一个封闭的雨水检查井旁，邻近城堡修建整齐的庭园。这座五角形的堡垒是开普敦的地标之一，于 1966 年由荷兰侨民建造。组成这支探险团队的人素昧平生，但是看上去全都明白：要想展开这趟地下之旅，必须先亲自潜入这个不可思议的入口。更可怕的是，这趟旅行危险重重，目的地可能臭气熏天，又潮湿又黑暗，说不定还有些偏好这种方式的生物生存其中。

我一旁的小姑娘后悔选择了穿毛皮靴子，咒骂着它们的昂贵价格，如果她的父亲得知靴子的损坏在所难免，她会有灭顶之灾。突然，我们都强烈地感受到自己死亡的风险。在我们身后是城堡地牢的一个小窗户。提到我们刚刚签下的索赔表格，另一个年轻人建议道："如果我们遭遇不测，打电话通知我的父母！"另一方面，领着我们进入地下隧道网的向导则是全副武装，他穿着威灵顿长筒靴，戴着安全帽和头灯，还有一连串狂热的事物。

他告诉我们，即将探险的隧道最初是 18 世纪运河网的一部分，建造运河的目的是为了控制从平顶山（Table Mountain）流向大海的地下溪流与泉水。这些开放水道的主体建造于 1838 年，最终并入了当代城市结构中。今天，这些相互连接的地下通道由开普敦公路水利局（Roads and Stormwater department）管理。我们正在参观仅仅是中央商业区中心的区段，毗邻着城堡护城河。我们的向导熟练操作着，他将异常厚重的检查井井盖举抬起打开，暴露出潮湿的室内，而底部有一条湍急的溪流。此处 3 米（10 英尺）高的落差令人头晕目眩，看上去感到不适，新鲜气流的冲击也很惊人。随着眼睛逐渐适应洞口下方的黑暗，我们看到一连串踏脚点，隐没在黑暗深处。这样的旅途起点着实令人生畏，即使旁边还辅以额外的梯子作为保护，也于事无补。一个公共停车场的管理人员透过附近的栅栏，紧盯着我们，纳闷着这群衣着考究的城里人，为什么要潜入下水道。我们不难理解他的困惑：就在同一天的早些时候，我看到有一个男人把两只蓝色的袋子塞入一个形状相似的洞中，在市中心旧城区的街道上，他把这个洞改成了临时的储藏柜。

我把自己的录音设备包进防水的小袋中，向下爬进这个幽闭恐怖的空间。水声嘈杂，令人愉悦，驱散了我们心头的恐惧。导游教我们"牛仔式"行走，即双脚分别踩在水流的两边，而我们觉得，直接卷起裤腿涉水而行更为省事。隧道的底部凹凸不平，某些地方非常湿滑；空间异常黑暗，仅仅靠我们各自的头灯照亮。地面上的交通传来断断续续的声音，成为这趟穿越拱状砖砌建筑物之旅的背景噪声。

全长 6.7 千米（4 英里）的开米萨河（Camissa），形成了山区河流网络的一部分，包括 13 条有正式记录的自流泉从城市地下流过；而最近有一位研究人员还发现了另外 12 条泉水。有一个非营利组织已提议"改造开米萨河",使其成为公共便利设施:通过水资源管理系统利用这一常见的地下资源,以重新构想开普敦的公共景观与文化认同。

　　水资源和使用水资源的方法,在开普敦的历史发展中是极为重要的。最早的引水隧道在 19 世纪沿着平顶山建造。1880 年,干旱促使市政当局建造了伍德黑德(Woodhead)隧道;1891 年,该隧道开始启用,沿着迪萨峡谷(Disa Gorge)奔流而下的水资源,在最终流入大海之前 [7],在此得到利用。

开普敦中心商业区地下 19 世纪建造的雨水排放隧道

其后，在 20 世纪 60 年代早期，使徒隧道（Apostles Tunnel）建造为沟渠之用，且运转了将近四十年。

　　至于我们正在穿越的隧道，则更加平淡无奇。这些隧道建于殖民地时期，此时地下空间挥之不去的过往萦绕心头，令人产生发自肺腑的感受。赖夫·拉森（Reif Larsen）在他的小说《T·S·斯派维精选作品》（2010）中，讲述了一个天才少年地图制作者的故事，这位天才少年发现一条路，通往华盛顿特区史密森尼博物馆地下的秘密隧道。如同我们自己经历的真实写照，拉森笔下的少年陈述道："我们沉默地走着余下的路，黑暗中电筒的灯光在前方来回晃动，我们的脚步声很大，踩在隧道的地板上嘎吱作响，但是无关紧要。不再有要紧的事情，我们正置身于地图之外。"[8]

　　如同书中描述，行走在开普敦街道地下的体验，既令人兴奋，又让人感到不安。这些空间给人以拟人化的感觉：犹如人的主动脉，有神秘的分支，并朝着多个方向消失。行至某处，一个女孩忽然尖叫起来，但惊吓的缘由不可名状。

　　我们在一个接合点结束了这次旅程，隧道在此分成两半，一个井盖门出现在头顶上方。打开井盖门，上方是开普敦主干道河岸街（Strand Street）。当我们一个接一个从这扇门钻出，重回阳光之下和地面熙熙攘攘的交通之中时，另一个保安迷惑地看着我们。我们重新回到了地图之上。

　　几个月以后，我和另一位艺术家波林·希尔特（Pauline Theart）合作，为公共艺术《土地》制作了一部表演作品，名为《地下开普敦：第三种声音》。在这场演出中，希尔特演唱了一首无歌词的摇篮曲，长达 1 小时，歌声萦绕在隧道室内，将隧道的回声室变成了一个诱人的音乐殿堂。抒情的副歌飘出了那些孔径相同的开口，穿过封闭的检查井，进而沿着隧道网络回荡不止。这歌声令过往行人惊喜，也曝光了他们脚下隐藏的开普敦遗迹。

未　来

德国历史学家莱因哈特·科塞勒克（Reinhart Koselleck）探索了过去和未来的关系，他将其中一个主要概念称为"期待视阈"（Erwartungshorizont），也就是说，在想象的领域中，利用对于未来的愿景，来建构当前的行动，这种未来的愿景，超越了垄断者的牢牢掌控，不管是在宗教、政治、文化，还是其他领域 [1]。本书中所讨论的规划、建筑和地下空间利用，其中一个重要方面在于它们预测了未来，并以建构期待视界的行动为目的。它们并非强调预测与未来的真实一致性，而是着重于引导变化的共通性。这种导向涉及打破传统习俗的未来，也通常是政治愿望的体现。就以索非亚（保加利亚首都）、华盛顿特区、平壤和迪拜等城市的地铁为例：车站的建筑形式、装饰与标识、系统的深度，以及线路的连接地点、首发时间，一切因素都是政府用以明确表达自身未来愿景的某种方式，这种未来或是在共产主义的"红星"指引下实现，或是建构在美国总统林登·约翰逊提出的"伟大社会（Great Society）"基础之上，也有可能奠基于欧盟欧洲区域发展基金，或中东阿拉伯酋长的意志。

同时，如果说地下空间的物质性塑造了城市、社会和政府的未来，那么地下空间的使用方式及其精神意义也是如此。玛丽亚姆·阿尔·色法尔（Mariam Al Safar）是尤为突出的例子，她是迪拜（准确地说是全中东）为数不多的女性地铁司机之一。阿拉伯酋长穆罕默德·本·拉希德·阿勒马克图姆（Mohammed bin Rashid Al Maktoum）或许说过："任何不愿尝试改变未来的人，将始终是过去的俘虏。"然而真正具有挑战性的问题是，谁将包含在这样的未来之中，谁的过往又将投射出公平且包容的愿景。公正性和包容性也和一些宽泛的议题相关，例如性别问题：如何在欧洲核子研究中心科研站实现性别平等？而科学家们（超过百分之八十是男性）宣称，大型强子对撞机实验能够帮助他们理解"一切",这种说法又意味着什么?不出所料的话,或许在未来,专有权也可以复制,而我们对灾难事件的希望和恐惧,把"末日"转变成了世界尽头的真实结构,那是一个北极圈的"圣所",密封于混凝土墙和钢门中,可应对霜冻、洪灾以及核破坏带来的"世界末日"。与这种排他性类似,恒今基金会(Long Now Foundation)的地下时钟也具有排他性,它吸引少数游客前来参观,以见证万年钟"世纪针"的移动和千禧年的布谷声。

那么,等待我们的是怎样的未来视界?它们依赖于谁的力量?地下空间又带给我们怎样的理解,让我们得以洞察自我、恐惧以及尚未创造出来的永恒未来?

未来之过去:平壤地铁

达尔蒙·里克特

车门"砰"的一声关上,既没有齿轮挤压空气的嘶嘶声,也没有橡胶封条关闭的沉闷拍打声,而是木头撞击着残破的木头,砰然作响。站台上,穿着利落蓝色制服的女孩吹了一声口哨,列车于是喧嚣地离开,车头率先冲进了茫茫夜色中。我最后看了一眼朴素的大理石大厅、玻璃水晶吊灯,及"俗丽"的政治题材壁画。在火车上,木质长椅沿着嘎吱作响的车厢排列,有二十多名乘客搭乘,他们都假装没盯着我看。

这就是平壤的地铁(Pyongyang Metro):如同 20 世纪 50 年代构想的那样,带着对未来的憧憬。平壤地铁是世界上最深的地铁,平均深达 110 米(360英尺),富丽堂皇的车站深受苏联模式的影响:丰富的细节设计,回应了独立、军事力量和社会主义等主题。同时,列车是老式的德意志民主共和国存货,20 世纪 90 年代末从柏林整批买入;尽管手中的旅行指南可能会告诉你,它们是韩国制造,而金日成和金正日的肖像就高高悬挂在喷漆的木制车头上。

金日成主席下令兴建了地铁,第一批车站于 1969 年至 1972 年间开放运营。在 1994 年正式发行的英语旅行指南中,这一系统被描述成"不仅是交通方式,同时也是意识形态的教育场所"。壁画、喷绘的艺术画作,甚至车站站名,或许都尽可能地告诉你更多。如同指导手册上解释的:"它的内部装饰富有艺术效果,以向子孙后代传达光辉的革命历史,和伟大领袖金日成主席的丰功伟绩。"[2]

　　地铁系统的两条线路，即"千里马"线和"革新"线，千里马线较早完工，依据东亚民间传说中源远流长的神秘双翼飞马而命名。在朝鲜，千里马象征着速度和效率。在朝鲜战争之后平壤重建期间，金日成敦促工人"以千里马的速度向前奔"，于是诞生了"千里马运动"。1973 年千里马线完工，其中八个车站颇具特色，分别命名为"红星"、"同志"、"凯旋"和"荣光"等。

　　我的旅程沿着轨道线展开，开始于"复兴站"，或者叫"新生站"：由钢材、石材和大理石建造的拱顶大厅，散发着隐秘的环境光，一系列未来主义风格的水晶吊灯分布其中，灯上有成串的玻璃球闪耀着紫色、金色和灰色的光泽，如同奇妙的金属兰花。这些元素通过老式帝国主义的华丽和辉煌，引导着装饰艺术的风格。旅行指南上写着：

　　　　复兴站的艺术作品，代表着国家日益繁荣的盛景，以及劳
　　动人民的幸福，人们尽情享受着公平且有价值的创造性生活，这
　　多亏朝鲜劳动党和朝鲜民主主义人民共和国政府的大众化方针。

　　我们继续向前去往荣光站，这个车站 1987 年开放运营。它的名字翻译过来意思是"光荣"，如果说有什么不同的话，它比上一站更加辉煌。在这里，灯光象征着烟火，金属杆的水晶吊灯排成光芒四射的阵型，在粉色、绿

平壤地铁荣光站
室内

色和黄色的阴影中显得华美灿烂。旅游指南写道："这些灯饰，仿佛让人们看到了朝鲜战争后的胜利庆典。"壁画中，金正日正大步从愉快的工人们中走过，穿过欣欣向荣的工业化场景，他看上去满怀深情。

继续向前，我们以"千里马"的速度驶向"凯旋站"。这个车站名为"凯旋"，因为它的正上方就是凯旋门，旅游指南上向我们保证：这是世界上最高的凯旋门！这里有更多的欢庆场景，包括面带微笑的工人、市民和战士们，还有一座"永垂不朽的主席"（金日成）铜像，注视着列车来来往往。

旅程在此处结束。我们参观了千里马线的一半，甚至都来不及看一眼较新的"革命"（革新）线路。然而根据一些说法，平壤地铁的延伸范围远远超出了这两条公共线路，甚至超出了废弃的光明站（位于金日成陵寝的下方，于1995年关闭）。

2009年，黄长烨（朝鲜劳动党前书记，后来叛逃到韩国）在韩国的无线电台广播中，泄露了金正日的秘密地铁。按照黄长烨的说法，"在平壤地下约300米（985英尺）深处，存在着另一个地下世界，与地铁层截然不同。"另有消息来源描述称，在一个巨大的地下控制中心内，有最尖端的通信设备和驻扎设施，其面积堪比金日成广场，可以容纳超过10万人的集会[3]。尽管上述说法听上去颇为夸张，但又引人入胜，让人感到合乎情理[4]。

沉睡的巨龙：欧洲核子研究中心的未来废墟

卡米拉·默克·罗斯特维克（Camilla Mørk Røstvik）

冷战期间，欧洲的物理学家、工程师、政治家和官僚们，试图在瑞士日内瓦郊外创建一个乌托邦式的研究机构。所谓的"乌托邦"，意指某种理想的目标，它鼓励和平的非应用科学研究，而这类研究属于国际化和非商业化的类型，目的是通过探求物理学的标准模型，来解释宇宙中相互作用的基本组成构件。欧洲核子研究中心（CERN）的主要目标，就是对这件事进行完全的认知。

乌托邦的字面意思是"不存在的地方"，而被称作CERN的欧洲核子研究中心，隐藏于地下，并注定成为废墟，它的方方面面都是乌托邦式的。这个实验室修建于二次挖掘的高卢罗马人遗址上（位于法国塞西），它需要建造和反复重建先天短命的结构，才能维持其存在。因此，如果想象地下

CERN 的横断面，我们将会看到大型强子对撞机和其他一些机器，或是位于盛极一时的古罗马城下方，或是与之处于同一水平面上。气泡室和对撞机等技术发展日新月异，这也意味着它们只有短暂的寿命，因而这些设备连同它们超现代的"继承者"们，共同制造出过剩的地下废墟。

毫无疑问 CERN 有着迷人的魅力，或许部分是由于它有着童话般的特质，而这一特质表现为这项工程十分庞大，且大部分很隐秘。在云雾缭绕的日内瓦群山包围中，这些巨大盘龙在地下一起发射出各种物质，它们共同探寻着宇宙质量的产生，这听上去有些奇特。我们如同迷恋童话故事般着迷于 CERN，这与我们热爱神秘未知且具有魔力的事物有关，也与我们对社会公平的兴趣相关。CERN 可被视为科学家们的独立飞地，它与军事和商业科学在此斗争，乌托邦式地探寻，如同前文指出的，对"一切事物"的认知。然而童话故事一波三折，巨龙有时也会觉醒。CERN 果真是一个特立独行的组织，只从事空中楼阁的研究，并掌控了自然界的巨龙吗？还是它正制造着未来的资本主义特征怪物？归根结底，物理学不过是巨大的商业运作[5]。大多数人把 CERN 看成科学研究的避风港，比如英国物理学家布莱恩·考克斯对其倍加推崇，世界各地许多其他的职业科学传播者们也是如此，但仍有人心存疑虑。

无论如何，CERN 忙于从事小心翼翼的平衡之举，以缓和地面世界貌

瑞士欧洲核子研究中心（CERN）隧道，注定成为废墟

似恒久的经济危机与地下世界高能物理学之间的矛盾。由于 CERN 的欧洲成员国为上缴会员年费大伤脑筋，阴谋论甚嚣尘上，外界质疑其目的，并与该组织态度强硬的新闻处相冲突。不过在所有事实中，大型强子对撞机环（长 27 千米 /17 英里）产生的地下运动，倒是赢得了各方的赞誉，特别是这些运动揭示了难以理解的希格斯玻色子。

　　此外，CERN 既是超级现代的，同时也是过时的。这个机构如同进行着一场社会和文化的实验，同时伴随着对科学的探索，但在真正改变其人员构成方面，它尚未取得成功。CERN 的女性成员仅占百分之十七，这一数据令人震惊，尽管在这种"极端客观性的文化"条件中并不稀奇 [6]。组织中缺乏女性成员，或许在某种程度上反映出 CERN 对自然界的态度。自 1954 年以来，许多地下机器被埋入日内瓦外围、法国—瑞士边境的乡村地下。当地的政治和环境保护组织为此感到沮丧，而社会正义运动也提出质疑，在这种大环境之下，有一些更迫切需要社会关注的议题，为什么欧洲国家要投入巨资，研究看不见的物质？ CERN 的功能是从事不可见的地下探索，以认知不可见的世界。经过多年的扩张，CERN 的衍生物管制了自身的权利机构，如今我们难道该对此感到惊讶吗？

　　还有更大的问题耐人寻味。对于 CERN 的目标而言，身为人类的我们是否真的重要？还是科学的机器和仪器设施在驱动其进程？ CERN 的地下物质表现形式总有一天会达到保质期，注定面临过时的命运，而被替换或改造。一旦这种情况发生，人类将不得不离开，尽管这些结构还会以某种形式存留下去 [7]。存留下来的是（和将是）超现代景观中的废墟，这些废墟同时也是过时的和报废的。而那些空间，或许将转变成以科学为基础的旅游点。CERN 宣称自身处于人类知识的前沿，但就社会责任而言，它远远落后于时代。在处理环境和女性议题时，只要这一组织继续表现出父权主义，我们如何能够相信，它将代表全体人类揭示"一切事物"？ CERN 作为在地下茁壮成长的组织，如何将其目标和价值带入地上世界，这个问题已变得日益重要。

隔离的象征：迪拜地铁

卡洛斯·洛佩兹·高尔维兹

"任何不尝试改变未来的人，将始终是过去的俘虏。"

阿拉伯酋长穆罕默德·本·拉希德·阿勒马克图姆

对数百万工人来说，包括那些在地铁系统中工作的工人，于凌晨3点开始工作、长达9小时的轮班，这些故事报道不过是家常便饭。而女性司机的故事，或许并不多见；尤其在中东更是不太可能。然而，五年多来，这就是玛丽亚姆·阿尔·色法尔的经历，她离开了银行业，成为迪拜地铁第一位、也是迄今为止仅有的一位女性司机。2013年12月，她成为迪拜有轨电车的营运主管，这是某种有力的社会象征，它强化了"年轻女性颠覆传统父权文化，在职场找到自身的立足点"这一趋势[8]。

迪拜地铁站台上的"金等"区段

象征主义对迪拜地铁而言，从一开始就扮演着重要的角色。地铁开幕式于2009年9月9日晚上9时9秒举行，尽管当天"红色线路"所规划的29个车站中只有10个开放，且随后其中一节火车车厢出现故障，有几位乘客被滞留了两个小时，才重新换乘线路[9]。地铁车站以四个元素作为设计基础——土壤、火、水和空气，并从文化遗产的视角，体现了"珍珠"的主题。几个世纪以来，珍珠一直是该地区走私者和贸易商交易的商品之一。象征主义还在继续上演：2014年初，城市公路交通局（Roads and Transport Authority）主办了一次摄影竞赛，主题是出生于2009年9月9日的新生儿，以此作为地铁运营五周年纪念活动的一部分。

除了仪式和庆典，迪拜地铁制造种族隔离意图明显：车厢被分为金等和银等，后者还包括指定给妇女和儿童的专用区域。迪拜的阶级反差并不新鲜。自诩为"中东珍珠"的迪拜，利用了大量廉价、缺乏权利的劳动力实现现代化，尽管如此，它还是不断建造了最大、最高、最宏伟和最奢华的豪宅，供百万富翁和亿万富豪们独享，其中包括摇滚巨星罗德·斯图尔特（Rod Stewart）的豪宅。迪拜的梦想，通过建筑、岛屿或城中城等形式体现，比如"媒体城市"或"国际人道主义城市"，其主席是哈雅·宾特·阿尔·侯赛因公主（Haya Bint Al Hussein），她本人还持有重型卡车的驾驶执照[10]。

种族隔离的方式井然有序，有助于理解阶级反差：就算分界线再近，差异永远存在。47个车站中有12个位于地下，这12个车站中又有8个在"绿线"上，而这条线路服务于毗连迪拜河（Dubai Creek）的区域，并包括一些更老的地区，比如巴斯塔基亚街区（Bastakia Quarter），一个多世纪以前，珍珠商们在此建造了宏伟的住宅。而地铁的另一端，即"红线"的西南方向，坐落着伊本·拔图塔（Ibn Battuta）车站，该站以一位不屈不挠的旅行者兼年代史编者命名，他曾在14世纪游历了当时所有的穆斯林国家，"从马里（西非国家）到苏门答腊（印度尼西亚西部），从肯尼亚到俄国大草原"[11]。金等和银等、地上和地下的分界线，也将往昔旅途和未来愿景联结在一起。

然而未来到底是怎样的？迪拜地铁全长76千米（47英里），是当时世界上规模最大的全自动化系统。由于为2020年世博会做准备，这里还有大规模扩建计划；无人驾驶汽车和自动运输系统也不再是往昔对未来的愿景。让我们期待，女性如同今天的玛丽亚姆和公主一样，很快都能享受几个世纪以来不曾被赋予的权利。阿拉伯酋长穆罕默德·本·拉希德·阿勒马克图姆的话或可解读为：拒绝承认过往局限和约束的人，也将受制于预想的未来，因为他们的变革具有选择性和排他性，尽管对少数人而言闪闪发光，但对大多数弱势群体来说，既无关痛痒，且黯淡无光。

"伟大社会"：华盛顿地铁

詹姆斯·沃尔芬格

大多数美国的地铁旅行者，都已习惯了纽约、波士顿、费城和芝加哥的隧道。它们多半有着相似的外观和感觉：低矮的天花板，大量的钢支撑，还有哐当作响的列车。它们看上去完全是镀金时代的技术化身，而实际上在许多方面也是如此。正因为熟知那些系统，才使得人们乘坐华盛顿特区的地铁时，感到别样的不同，而如果不了解地铁系统的起源，就难以领会为何它如此不同。

首次乘坐者通常都专注于车站的外观。华盛顿特区的地铁是由芝加哥建筑师哈里·威斯（Harry Weese）设计，相比纽约和费城的地铁，它十分现代，且光线明亮，没有隐藏犯罪发生的空间。一些建筑评论家称之为粗野主义流派的失败案例，但是大多数人认为，它的拱顶布局开放、通风，且对乘客便利。每个车站长达 183 米（600 英尺），以花岗岩和青铜饰面，有着高高的天花板，及柔和、间接的照明。历史学家扎卡里·施拉格曾写道：它们都有着"方格天花板，令人联想到万神庙和柯布西耶式的混凝土曲线和一些实用的细节，例如列车进站时，站台边缘的灯光开始闪烁……从夹层向下看的效果，如同从露台俯视下方的舞厅"。[12]

乘客所注意到的大多数周边事物，并非偶然产生。相反，当代观察者们应当理解，这些隧道和它们的公共空间，是美国重要政治时刻的物质体现。20 世纪 50 年代末和 60 年代初，在华盛顿地铁规划启动的时候，大多数美国人坚信，以本国政府的效率和国家的能力，一定能够成就伟大的事业。而这个时代最著名的事件就是约翰·F·肯尼迪总统誓言美国人将登陆月球，以及林登·约翰逊总统着手进行的、美国历史上最具野心的国家计划——"伟大社会"。

许多人对约翰逊的计划仍记忆犹新，它推动了公民权利立法，促使人们与贫困作斗争，并发展了教育和医疗基金，但是在约翰逊针对"伟大社会"的首次演说中，他最初关注的问题是"都市美国"。1964 年，众人在美国密歇根大学集会，约翰逊表示，到本世纪末，美国的城市人口将增加一倍，而国家将不得不"重建整个都市美国"。总统考察了国土，并发现城市"中心衰败，而郊区被洗劫一空。消失的空地'比比皆是'，老的地标遭受破坏"。在这样的城市中，人们倍感"孤独、厌倦和冷漠"。他接下来说道：

> 直到我们的城市变得伟大，我们的社会才将伟大。当今，想象和革新的前沿在城市的内部，而不是在其边界之外……你们这一代人的任务，是让美国城市成为这样的场所，未来世代人在此地不仅仅是生存，还能更好地生活。

华盛顿特区的中
央地铁站

约翰逊总统通过引述亚里士多德的话，在最后的要点中强调："人类

为了生存聚集于城市，而他们保持聚集在一起，则是为了更好地生活。"[13]

于是，规划师和建筑师们抓住这一最佳时机，建造了华盛顿地铁。他们享有联邦政府对公共财富的承诺，这些财富不但转化成大量的资金，同时更注重打造建筑的细节，而该承诺目前在美国政界大多已销声匿迹。如果人们普遍相信，旧金山、米兰和斯德哥尔摩的地铁有助于美化城市环境，那么华盛顿地铁也是如此。这一系统的细节，与美国首都的美感搭配得体，由花岗岩、大理石和石灰岩共同营造的城市环境，向地下扩展、延伸。然而，造价始终是关注的重点，早在 1969 年，建造地铁系统的初步估算为 25 亿美元，而到 2001 年，这一数字已增加到 100 亿美元。规划师们也雄心勃勃，打算扩大该系统的规模，最终建造 166 千米（103 英里）长的路线。

一些评论家批评华盛顿地铁"铺张浪费"，称其为"无用的投资"，并不能运输足够的人流以证明其高昂造价的合理性。从财政角度来说，这一批评合乎情理，但终究没有考虑历史成因。它忽视了一点，即地铁建造于一段特殊的时期，当时政府的信念以及需要复兴"都市美国"的需求，两者共同产生了作用。毫无疑问，华盛顿地铁的功能是运输人流，但它也象征性地支持了约翰逊总统"伟大社会"的承诺，以使都市美国成为这样一个场所，"在此，人类的城市不仅仅能解决温饱和商业需求，更能满足人们对美好事物的追求，以及对社区共同体的渴望"。

缓行的现代性：索非亚地铁

安娜·普莱尤什特娃

一个漫长而湿热的下午，在保加利亚国家档案馆，我偶然发现了合适的记录。文件夹中包括自 1975 年以来的一些官方信件和报告。当时，保加利亚政府不同部门和机构之间，有着广泛且相当频繁的通信往来。信件中讨论的主题是索非亚市政人民委员会的计划，意图在快速扩张、日益拥堵的首都建造地铁。该计划最初的可行性研究可以追溯到 1968 年，而直到 20 世纪 70 年代中期，具体的计划才得以拟定。从档案文献来看，显然每个人都对此提出了意见。那天，我读到最有趣的官方信件，来自于索非亚北部边缘的集体农业生产队，管理者们明显对都市化和现代化即将带来的压力无动于衷，"我们并不赞同在控制性土地上建造索非亚城市火车站。这是 A 类土地，最近刚被播种了紫苜蓿（alfalfa）"。[14]

索非亚地铁花了很长时间才建成，但并不是因为农民的反对。直到1998年，第一个不长的区段才正式开放。事实上，这一段如此之短，以致多年来它遭到了新闻界和公众的嘲笑。当地报纸宣称，"真够奢侈的车程"，"不知从什么地方出发和结束"[15]。但是到2009年，事情开始改变。随着欧盟区域发展基金注入大量资金，而索非亚居民和布鲁塞尔官僚们也持怀疑态度，地铁开始取得成功。2012年，第二条线路正式开放，人们对地铁系统提出了一种新的意见："一旦有了转乘站，它变得真实起来，感觉像正式的地铁了。"[16]

1号线和2号线之间的转乘站称为"塞迪卡"（Serdika），这是一个引人注目的空间，距国家档案馆只有几步路。如果说多少有些特别，就是在我研究索非亚地铁计划的历史时，这里为我提供了一个非常合适的歇脚处。最近，其中一个大厅中有间咖啡厅开放，可以俯瞰位于巨大隧道中的两个站台。坐在这个位置奇特的咖啡厅里，车站提供了异常广阔的地下视野，让我从 20 世纪 70 年代大量的官僚主义信件中暂时解脱，更不用说缓和了七月的

塞迪卡车站室内

酷热。除了地下广场般的体验，塞迪卡车站还希望让游客和通勤者沉浸于城市的历史之中。展示古罗马遗迹的陈列柜，装饰着冷酷、中性色彩的隧道墙面。如果你能接受一旁俄罗斯制造的地下列车，令人眼花缭乱的大量数字钟，及毫无地域特色的当代车站建筑，就有可能在塞迪卡车站内部，体会到历史的延续性。这使其成为一个有重要意义的空间，尤其是这座城市的记忆已被冲击和动荡所统治，至少自 14 世纪以来是如此。

那么，再说到现在和未来的话题。2012 年，在 2 号线开放时，一位法国土木工程师对我说道："保加利亚人小孩生得不够多，人口在缩减。我对这一计划的梦想是，让人们在地铁中相遇、相恋，然后生养小孩。"他很快离开索非亚去了北非，继续他下一个工程。地铁 3 号线原定于 2014 年动工，因为竞标过程招致保加利亚竞赛监管机构的批评，不得不暂缓。作为保加利亚最大的基础设施工程之一，地铁似乎一直保留着争议的氛围，并在其发展过程中，经过了每一个对比鲜明的政治时期。然而在过去十年中，公众意见的转变已势不可挡，地铁的形象已从铺张浪费转变为必需，这确保了地铁网络的扩建几乎没有停止。2015 年，地铁 1 号线通至城市机场，此事成为索非亚城市声誉和交通可达性的另一座里程碑，而对索非亚地方政府这两者都是受欢迎且珍贵的事物。如果换乘点确实能赋予交通基础设施以真实感，那么，索非亚地铁目前正担当着这一角色，而在三十多年以前的都市构想中，就早该如此了。

地底的时间：万年钟

卡洛斯·洛佩兹·高尔维兹

内华达州东部的华盛顿山有一条隧道，毗邻着大盆地国家公园。那里丝毫不像都市中心，反而遥不可及，难以造访，是一处宁静的朝圣与冥思之地。得克萨斯州范·霍恩镇附近的一座石灰岩山也同样偏远，尽管自然景观保持原貌，但山中正在兴建隧道和地下空间。由于它们的所有者——恒今基金会的努力，这两座山都将出现变化（不过近期还不会发生）。他们究竟有什么想法？原来是打算安放"一座机械装置和一个神话"——万年钟。

在某种程度上，这一工程令人想起中世纪的大教堂，以及当参观者们看到它们从欧洲各城市的景观中升起之时，内心产生的冲击。基金会万年钟

伦敦科学博物馆万年钟的最初原型

始建于大约20年前,这是一项雄心勃勃的工程,以促进长期思考为设计理念。万年钟的一座原型目前出借给了伦敦科学博物馆。而这座万年钟则于1999年完工,及时赶上了千禧年。从那时起,这只钟只敲响过两次,缓慢和精准,正是基金会理解时间记录的关键原则。

一旦进入这两座山的任何一座(得克萨斯州是首选,2016年初仍然在施工中),且两扇分离的门如同一把锁关闭起来,将尘土和动物阻挡在外,两条隧道将引导参观者在黑暗中前行几百英尺,接着垂直上升。通过一个150米(500英尺)长的"连续螺旋楼梯"向上,到尽端时有光线,似乎在满怀希望地邀请、期待着我们。楼梯伸入时钟内,因此人们首先遇到的是平衡锤,然后到达上弦站。根据时钟最近一次上弦的时间,参观者们可以推动水平辘轳或绞盘,给这个机械装置上弦。继续向上,到达轮子那儿,有一个机械的、且运行缓慢的电脑,操控着报时装置背后的机关,这个电脑对时钟设计者丹尼·希尔来说,是非常重要的。这些轮子由刻着"插槽和滑销精密系统"的小齿轮组成,换句话说,它像是一个机器人,一个建筑物般的且有超过三百万首乐曲可选的音乐盒。

最后,上升到这些装置的顶点,参观者们将到达"主舱室",在那里,时钟的真正表面(直径2.5米/8英尺)显示着天文时间和恒星、行星的运行,包括"地球行进的银河时间"。要想知道实际的日期和一天的时间,再次取决于最近一次的参观时间，如果需要的话，再次给时钟上弦——时钟将显示出更新的时间。

　　描述时钟机械装置的方式，它的建筑尺度，以及向上进入和走出来（那里有一个出口）的体验，令我想起了马丁·斯克塞斯（Martin Scorsese）在电影《雨果》（2011）中对早期电影先锋乔治·梅里爱（Georges Méliès）的致敬。在这部影片中，雨果居住在巴黎加雷·蒙帕纳斯车站（Gare Montparnasse）的一座钟塔里。他的酒鬼叔叔教他给时钟上发条，使火车和乘客们能准时。雨果的父亲就是钟表匠。车站站长是个典型的计时员，他的假腿象征着他的怪癖，他本人与时间同步，而穿过火车站时却有着不均匀的步伐节奏。手中揣着怀表，他计算着时间的分分秒秒，留意着每一个人，确保他们所有人遵守秩序，并驱逐不守秩序之人。尤其是针对不守规矩的孤儿，他们在遭到逮捕之后会被立即送到警察局，就像查尔斯·狄更斯《雾都孤儿》中的奥利弗（Oliver）或《荒凉山庄》（Bleak House）中的乔，爱弥尔·左拉《地下巴黎》（Le Ventre de Paris）中的凯丁和马乔琳，及作为孤儿的雨果本人所经历的。

　　时间在恒今山或许是种特别的体验。这座钟包括有一根"世纪针"，及每隔千年才会跳出来一次的布谷鸟，如果一切按照计划进行，它总共只会跳出来十次。这里的时间不是用来遵守的，而是以不同的速度，带着不同的目的，在隐藏于视线之外的不同空间中，重新被制定，因此，未来的参观者们或许将在山中，通过一次从地下上升的体验，成为时间的朝圣者。

　　亚马逊的发起人和首席执行官杰夫·贝索斯，不断发展从拂晓时分开始的一日徒步"体验"。而恒今董事会成员凯文·凯利的声明则令人感到欣慰："跳动万年钟遭遇的最大问题，是人类参观者们带来的影响。"[17] 可以说，这座钟拒绝了那些认为守时具有意义和功能的人，或者说选择了最好的访客；因此，这种体验完全不同于朝圣者们在大教堂中，遇见中世纪欧洲机械钟时的感受。

尽头之后：斯瓦尔巴全球种子库

亚历山大·莫斯

　　尽管就全球基础建设而言，五百万英镑的预算并不算多，斯瓦尔巴全球种子库（Svalbard Global Seed Vault）仍然引起了全世界的想象，还少有基

斯瓦尔巴全球种
子库。

础设施工程受到如此注意。毫无疑问,这种关注是由于大众对其极端性的(错误)认识所产生的,尤其是这种极端性所采取的谨慎态度,都被全球新闻网络所淡化。关于这一工程,充斥着夸张的形容:"设计可承受所有自然和人类的灾难",保卫"每种已知的农作物"[18]。人们已然对其产生了"末日种子库"、"圣物箱"或"生物生命诺亚方舟"的想象,认为或许某天它能够提供一线生机,以从无可救药的饥荒中拯救人类,无论这一后果是由战争、生化恐怖主义、气候变化,还是自然灾害造成。这类叙述既耸人听闻,同时也令人叹服,其起因是,在斯瓦尔巴建立全球种子库的概念首次被人们提出并讨论;当时战争摧毁了阿富汗和伊拉克的种子银行,菲律宾的种子银行也遭到洪水破坏。在看似无限恐怖和绝望的景象中,"末日种子库"挑起了一种奇怪的上扬情绪,也借此向新闻媒体宣告了"杀戮、疾病、灾难和不幸"的永恒叙事循环,即使只是在制造"好消息"的故事意义时,借着"末日种子库"转弯抹角地提到这一故事循环。

种子库的建筑和物流等具体特性,激荡着希望和恐惧混合的有力主题,使得这一工程产生出某种近乎神秘的诱惑力,严密隔离、隐秘和安全化为它增光添彩。关于它的描述,几乎都是强调其极端的地理位置:它位于赤道以上 79 度，深入北极圈，只有经由世界最北端永久居住城市的飞机跑道（位于斯瓦尔巴群岛）才能够到达。而选择这一地点，是由于其坚不可摧的自然防御：从山体一侧深入挖掘 125 米（410 英尺），位于海平面以上 130 米（430 英尺）的永久冻土区，且不受地震活动干扰。种子库据称有 1 米（3 英尺）厚的钢筋混凝土隧道外墙，其设计甚至可以承受核攻击。尽管据估计这种情景不太可能出现，因为全球皆知挪威政治上中立，且资源丰富，经济上自给自足。除了成排难以攻克的厚重钢制防爆门，以及视频监控系统，早期的报道还暗示存在着常驻的武装警卫，"驱赶不该出现（在那里）的人（和北极熊）"[19]。难怪这一工程激起了如此众多的想象力，它仿佛宣告着伊恩·弗莱明（Ian Fleming，詹姆斯·邦德系列小说作者）笔下超级大坏蛋的虚幻空想，化作了物质的实体。

于是，这个种子库就像世界尽端深山中挖掘的"圣所"，它反常地超越了世俗的悲欢离合，且独一无二，尽管如此，作为种子库类型的巅峰之作，它仍是其他所有种子库的共同参考。而作为基础设施，从全球种子库的建筑学设计上来说，它的流通模式成为定义标准。绝大多数基础设施工程模仿了网络化系统的分散模式，而种子库与之相反，采取了集中式的向心结构，且单向流动，彼此隔离互不连通；并且最终设计为将货物长期保存于单一地点，而不是地点之间，以此节省物流运作的时间[20]。

而结构上的向心运动，也有助于支持该项目的关注点，以创造全球生物信息的宝藏库，并防止恐惧和不安定的信息景观占主导地位。斯瓦尔巴全球种子库正是权利的终极联合。或许我们应该质疑权利仲裁者的动机，而仲裁者们包括洛克菲勒基金会、孟山都公司、先正达公司，这些机构都一直在为发展这一项目提供资金帮助[21]。当今世界人口过多，且资源紧缺、政治不安定、气候变化潜在不可逆转，种子库给人们提供了一阵安慰，及某种再保证（可能毫无根据），就算最糟糕的情况发生，拼图碎片将被保存下来，因此，终极灾难的幸存者们或许能够重建这个世界，并重建生命本身。我们或许应当好好地质疑这种逻辑，因为它就像大多数应对迫在眉睫的气候变化灾难的解决方案一样，只是人类面临窘境、发现自身处于危机边缘时，突然跳出的某种应激反应。

作者简介

卡洛琳·巴克尔（Caroline Bacle）

连续十五年从事纪录片和儿童节目工作。她与英国、美国、法国、加拿大等广播公司合作，其中包括 BBC、Channel 4、PBS、Canal+、France 5、Bravo、CBC 和 CTV 等。其获奖纪录片《失落的河流》（*Lost Rivers*，2012）已于世界各国节庆日上映。

尼克·德·佩斯（Nick de Pace）

在罗德岛设计学院教授建筑学。

保罗·多布拉什切齐克（Paul Dobraszczyk）

英国曼彻斯特研究员、作家，伦敦大学巴特雷 (Bartlett) 建筑学院客座教师。他的研究涵盖装饰与铁艺、伦敦维多利亚式下水道的视觉再现，以及真实与想象中都市遗迹的关联。他出版了大量相关主题的著作，包括《维多利亚时代英国的铁艺、装饰和建筑》（2014）、《潜入野兽的腹地：探索伦敦维多利亚式下水道》（2009）等。目前他正在撰写专著《死亡之城：城市遗迹与衰败的奇观》（即将出版）。

克劳斯·多兹（Klaus Dodds）

伦敦大学皇家霍洛威学院地缘政治学教授。作为合著者，他撰写了《极地争夺：当代南极和北极的地缘政治学》（2015）。

萨莎·恩格尔曼（Sasha Engelmann）

艺术地理学家，探索空气诗学与政治学的创意实验。2015 年，她在柏林的托马斯·萨拉森诺（Tomás Saraceno）工作室完成了基于现场的实地考察，并与萨拉森诺合作了长期项目"成为飞行的太阳"。此外，恩格尔曼执教于德国布伦瑞克工业大学的建筑艺术学院（IAK），教授多学科艺术实践，并在牛津大学地理与环境学院攻读博士学位。

卡洛斯·洛佩兹·高尔维兹（Carlos López Galviz）

兰卡斯特大学建筑师、城市历史学家，教授社会未来理论与方法。从2014年10月起，他主持了"重组遗迹"项目（参见 www.reconwguringruins.blogs.sas.ac.uk），该项目由艺术和人文研究委员会资助。他还出版了大量关于19世纪伦敦和巴黎的著作，包括《走入地底：新视角》（合编者，2013）。

马修·甘地（Matthew Gandy）

伦敦大学学院地理学教授。他的专著包括《混凝土和黏土：纽约市的再造自然》（2002）、《都市星图》（编者，2011）、《声之城》（合编者，2014），以及《空间的结构：水、现代性和都市幻想》（2014）。目前，他正在撰写关于都市生物多样性的著作，探讨文化和科学之间的交互界面。

布拉德利·L·加勒特（Bradley L. Garrett）

南安普顿大学地理学家，对禁地摄影有着浓厚兴趣。曾作为考古学家工作了5年，主要的兴趣转为都市遗址的配置和开发控制的政治性，他还开始潜入"封闭"之地，并使之与民众共享。他的著作《探索一切：入侵城市秘密领地》（2013），记录了他在8个不同的国家擅闯遗迹、隧道和摩天楼的冒险故事。他的第二本著作《地底伦敦：破解首都》（2014）则用照片层层剖析了伦敦街道下方的事物。他的都市探险三部曲最后一本——《伦敦崛起：从城市高处拍摄的禁忌照片》在2016年公开发行，书中记载了社会、基础设施以及整体的城市垂直性。

彼得·吉巴斯（Petr Gibas）

目前在捷克共和国布拉格查理斯大学完成社会人类学博士学位。他任职于捷克科学院社会学研究所，专门从事家庭和无家可归者的社会学研究。作为合著者，他撰写了《社会科学中的非人类因素：动物、空间和事物》

（2011）、《社会科学中的非人类因素：本体性、理论和案例研究》（2011），以及《分配的花园：往昔的阴影或一瞥未来？》（2014）。

斯蒂芬·格拉汉姆（Stephen Graham）

纽卡索尔大学的建筑、规划和景观学院城市社会学教授。他的跨学科背景，把人文地理学、都市主义和技术社会学联系起来，共同探索基础设施、机动性、数字媒体、监控、安全和军事主义等的政治因素，并重点研究这些因素如何塑造当代城市和都市生活。他的著作包括：《碎化的都市主义：网络化的基础设施、技术的机动性和城市的条件》（合著者，2001）、《被中断的城市：当基础设施失效时》（2009）、《被包围的城市：新军事都市主义》（2011）和《基础生活：情境中的都市基础设施》（合著者，2015）。目前他正在编著《垂直性：下水道、摩天楼、卫星（和之间所有的一切）》，主要探讨政治方面的垂直性。

金·格尼（Kim Gurney）

作为金融记者，她过去经常游历伦敦的地底，后来转行研究艺术。近期项目包括地底表演工作的策展，以及基于消失概念的艺术品制作。她著有《公共空间艺术：瞬息城市的策展与重塑》（2015），她还是开普敦大学和约翰内斯堡大学的副研究员。

亨利艾特·哈弗萨斯·特萨科斯（Henriette Hafsaas-Tsakos）

挪威考古学家，有在挪威、苏丹和巴勒斯坦等国进行野外工作的经历。她的博士论文主题是古埃及新兴国家南方前线的战争。她专门研究尼罗河谷的青铜器时代文化，并重点研究古代的苏丹人。

哈丽特·霍金斯（Harriet Hawkins）

主要研究艺术品和艺术世界的地理学。她出版了艺术家的相关书籍，策划了参与式艺术项目，以及个人艺术家和系列国际艺术组织的展览，这些艺术组织包括泰特（Tate）美术馆、艺术催化剂（Arts Catalyst，英国艺术机构）、国际视觉艺术研究所（Iniva）、Furtherfield（一个存在于线上、线下的艺术机构）和瑞士"艺术家在实验室"（Swiss Artists-in-Labs）。她编著了《创意地理学：地理、视觉艺术和世界的形成》（2013），她也是《地理美学》（2014）的合编者。她还任职伦敦大学皇家霍洛威学院的地理学高级讲师。

玛丽艾勒·凡·德·米尔（Mariëlle van der Meer）

旧金山密涅瓦大学（KGI）欧洲和中东事物常务董事。她来自荷兰，多年来在世界各地广泛游历，现居伦敦。她对国际高等教育怀有深厚的热情，并在这一领域工作了十余年。在澳大利亚经过一段时间的田野调查工作之后，她于 2000 年获得阿姆斯特丹大学文化人类学硕士学位。

塞缪尔·梅里尔（Samuel Merrill）

跨学科研究者，研究广泛构想的地底的文化记忆、历史遗产和地理学。目前他在瑞典于默奥大学社会学系，研究当代欧洲反法西斯团体的数字记忆。他获得了 2014 年记忆研究彼得·朗青年学者竞赛奖，他的著作《挖掘埋葬的记忆：伦敦和柏林地铁中的记忆产生》于 2016 年出版。

卡米拉·默克·罗斯特维克（Camilla Mørk Røstvik）

曼彻斯特大学艺术史和视觉艺术研究系、科技医学历史中心的博士研究生。她经营曼彻斯特大学女权主义阅读团体，在开展学术工作的同时，她还是曼彻斯特人民历史博物馆的驻场研究员。

亚历山大·莫斯（Alexander Moss）

主要在伦敦工作的艺术家和作家。作为牛津大学中世纪史学者，他从事神秘体验的本体论和心理学研究。最近他的研究兴趣是德国唯心主义和拉康精神分析学视角下的城市、基础设施和网络化信息的现象学。

马修·奥布莱恩（Matthew O'Brien）

作家、记者和大学教员，从 1997 年起一直生活在拉斯维加斯。他的第一本著作《霓虹灯下：拉斯维加斯隧道中的生与死》（2007）按时间顺序记录了他在城市地下洪道中的探险。他的第二本专著创意性非小说文集《我在蓝色天使的一周》（2010）以拉斯维加斯鲜为人知的场所为背景。他还是"闪亮之光"社区项目的创始人，为那些生活在城市下水道的人提供住房、药物咨询和其他服务。

马克·彭德尔顿（Mark Pendleton）

在谢菲尔德大学教授东亚历史与文化研究。他的研究成果刊登在一系列出版物中，包括刊物《日本研究》、《亚洲研究评论》和《媒体与文化期刊》（M/C Journal），最近还发表在《死亡之旅：作为休闲景观的灾难场所》（2014）和《历史的公正与记忆》（2015）等编辑文集中。

大卫·派克（David Pike）

在华盛顿特区美国大学教授文学和电影，出版了大量关于19世纪、20世纪的都市文学、文化和电影的论著。他的专著包括《关于冥河的大都会：1800—2001年现代城市文化中的地底世界》（2007）、《地下城市：1800—1945年巴黎和伦敦的地底世界》（2005）以及《地狱通道：现代主义的下降，中世纪的地底世界》（1997）。

安娜·普莱尤什特娃（Anna Plyushteva）

伦敦大学学院的城市地理学家和博士研究生。她的研究兴趣是机动性、基础设施、变化和城市日常都市生活，她的论文主要关注保加利亚的地铁扩建，以及地铁扩建在重组习惯和通勤技术中的作用。她发表了关于后社会主义的都市化、公共交通的社会性和公共空间方面的文章。

达尔蒙·里克特（Darmon Richter）

作家和摄影师，热衷于"沉浸式"、第一手的旅游故事。他从事的工作范围从朝鲜的药品文化探索，到海地的巫毒教朝圣。他撰写了"波西米亚博客"，目前在从事博士研究，论题是"后苏维埃空间的黑色旅游"。

茱莉亚·索利斯（Julia Solis）

著有《衰落阶段》（2013）和《纽约的地底：城市解剖》（2005）。她拍摄的地底照片选集网址是 www.sunkenpalace.com。

亚历山德罗斯·特萨科斯（Alexandros Tsakos）

希腊考古学家和宗教历史学家，在希腊、苏丹和挪威教学指挥田野调查工作，也从事文化和旅游领域的工作。他目前在卑尔根大学开展博士后研究，研究课题为"基督教努比亚的宗教文化素养"。

詹姆斯·沃尔芬格（James Wolfinger）

拥有德保罗大学、芝加哥大学历史和教育领域的联合教职，著有《费城分化：兄弟之城中的种族与政治》（2011）一书，还写过大量文章和评论。目前他的研究领域是费城公共交通系统的都市与劳工历史。

丹·祖尼诺·辛格（Dhan Zunino Singh）

社会学家和历史学家。他是阿根廷基尔梅斯国立大学研究助理，主要研究都市机动性的文化历史。2012 年，他获得伦敦大学博士学位，论文主题是"布宜诺斯艾利斯地铁的规划历史、建造和使用"。

参考文献

导言：探索城市

[1] See Bradley L. Garrett, *Subterranean London : Cracking the Capital* (London, 2014).

[2] Rosalind Williams, *Notes on the Underground : An Essay on Technology, Society and the Imagination* (Cambridge, MA, 1990).

[3] Stephen Graham and Lucy Hewitt, 'Getting Off the Ground : On the Politics of Urban Verticality', *Progress in Human Geography*, XXXVII/1 (2013), pp. 71–72.

[4] Stephen Graham, 'Super-tall and Ultra-deep : The Cultural Politics of the Elevator', *Theory, Culture and Society*, XXXI/7–8 (2014), pp. 239–265.

[5] Eyal Weizman, *Hollow Land : Israel's Architecture of Occupation* (London, 2007；revd edn 2012).

[6] See, for example, Peter Adey, 'Vertical Security in the Megacity : Legibility, Mobility and Aerial Politics', *Theory, Culture and Society*, XXVII/6 (2010), pp. 51–67；and Stuart Elden, Secure the Volume : Vertical Geopolitics and the Depth of Power, *Political Geography*, XXXIV/6 (May 2013), pp. 35–51.

[7] Gavin Bridge, 'Territory, Now in 3D!', *Political Geography*, XXXIV/6 (May 2013), p. 55.

[8] See, for example, C.López Galviz, 'Mobilities at a Standstill : Regulating Circulation in London, c. 1863–1870', *Journal of Historical Geography*, XLII/1 (October 2013), pp. 62–76. On communications and networks, see Richard Dennis, *Cities in Modernity : Representations and Productions*

of Metropolitan Space, 1840–1930 (Cambridge, 2008); Simon Guy, Simon Marvin and Timothy Moss, eds., *Urban Infrastructure in Transition*: *Networks, Buildings, Plans* (London, 2001); Joel A. Tarr and Gabriel Dupuy, eds, *Technology and the Rise of the Networked City in Europe and America* (Philadelphia, 1988).

[9] Peter Sloterdijk, *Sphären III*: *Schäume* (Frankfurt, 1999).

[10] Williams, *Notes on the Underground*, pp. 212–213.

[11] Kristian H. Nielsen, Henry Nielsen and Janet Martin-Nielsen, 'City under the Ice: The Closed World of Camp Century in Cold War Culture', *Science as Culture*, XXIII/4 (2014), pp. 443–464; also quoted in 'Under the Ice: Polar Undergrounds', below.

[12] Austin Zeiderman, 'Securing Bogotá', *Open Democracy*, 14 February 2013, www.opendemocracy.net. See also an interview with Alberto Granada, former sewer-dweller, in 'Sewers of Bogota', 23 April 2007, www.vice.com.

[13] See, for example, Sarah Cant, ' "The Tug of Danger with the Magnetism of Mystery" : Descents into "the Comprehensive Poetic-Sensuous Appeal of Caves" ', *Tourist Studies*, III/1 (2003), pp. 7–81; and Maria Alejandra Pérez, 'Exploring the Vertical: Science and Sociality in the Field among Cavers in Venezuela', *Social and Cultural Geography*, XVI/2 (2015), pp. 226–227.

[14] Not least, our global search for underground spaces has practical limitations of, for example, language. The References include websites that we came across and that readers might find worth checking. Among these, we highlight the superb collection of photographs and descriptions of underground spaces in Córdoba, Argentina, available at www.speleotunel.com.ar. See also the publications of the Association Française des Tunnels et de L' Espace Souterrain, www.aftes.asso.fr.

[15] The French translation from Latin reads: 'Cette clarté nocturne vient du Firmament, qui n' est autre chose que le revers de la surface de la Terre, dont l' hémisphère donne une lumière pareille à celle, que la Lune rend chez nous; de sorte qu' à ne considérer que cela, on peut bien dire, que sur le globe en question les nuits diffèrent peu des jours, si ce n' est que pendant

la nuit le Soleil est absent, & que cette absence rend les soirées un peu plus fraîches.' Ludvig Holberg, *Voyage de Nicolas Klimius dans le monde souterrain, contenant une nouvelle téorie de la terre, et l' histoire d' une cinquiême monarchie inconnu jusqu' à-present* (Copenhagen, 1753), p. 16.

起源

[1] David R. Olson and Ellen Bialystok, *Spatial Cognition: The Structureand Development of Mental Representations* (New York, 2014), pp. 69–71.

[2] Edward Soja, 'Cities and States in Geohistory', *Theory and Society*, XXXIX/3–4 (2010), pp. 361–376.

[3] Ruth Whitehouse, *The First Cities* (London, 1977), pp. 71–72.

[4] Anthony Clayton, *Subterranean City: Beneath the Streets of London* (London, 2000); and David L. Pike, *Subterranean Cities: The World Beneath Paris and London, 1800–1945* (Ithaca, NY, 2005).

[5] See R. Chudley and R. Greeno, *Advanced Construction Technology* (New Jersey, 2006), p. 179; and see Richard Trench and Ellis Hillman, *London Under London: A Subterranean Guide* (London, 1993), pp. 105–115.

[6] See A.E.J. Morris, *History of Urban Form before the Industrial Revolution* (London, 2013), pp. 17, 60–61.

[7] See John Hopkins, 'The "Sacred Sewer": Tradition and Religion in the Cloaca Maxima', in *Rome, Pollution and Propriety: Dirt, Disease and Hygiene in the Eternal City from Antiquity to Modernity*, ed. Mark Bradley (Cambridge, 2012), pp. 81–102.

[8] On the history and legacy of the Cloaca Maxima, see Hopkins, "The 'Sacred Sewer' ", and Emily Gowers, 'The Anatomy of Rome from Capitol to Cloaca', *Journal of Roman Studies*, LXXXV (1995), pp. 23–32.

[9] See, for example, L. Volloresi, 'Roma Sotteranea', *National Geographic Italia*, XVIII/1 (2006), pp. 2–25.

[10] Pliny the Elder, *Natural History, Books 36–37*, trans. D. I. Fichholz (Cambridge, MA, 1989), pp. 104–108.

[11] Victor Cunrui Xiong, *Sui-Tang Chang' an: A Study in the Urban History of Medieval China* (Ann Arbor, MI, 2000).

[12] See 'Going Underground', in Neal Bedford and Simon Sellars, *The*

Netherlands (London, 2007), p. 281.

[13] Information on these tours can be found at www. astrichtunderground.nl.

[14] Steve Pile, *Real Cities: Modernity, Space and the Phantasmagorias of City Life* (London, 2005), p. 8.

[15] Petrus Gyllius, *The Antiquities of Constantinople: With a Description of its Situation, the Conveniencies of its Port, its Publick uildings, the Statuary, Sculpture, Architecture, and Other Curiosities of that City. With Cuts Explaining the Chief of Them. In Four Books*, trans., enlarged and with a large explanatory index by John Ball (London, 1729), pp. 147–148.

[16] Georgius Dousae, *De Itinere Suo Constantinopolitano Epistola* (Leiden, 1599); quoted in Jean Ebersolt, *Constantinople Byzantine et les Voyageurs du Levant* (Paris, 1919), pp. 108–110.

[17] Ömer Ayden and Res, at Ulusay, 'Geotechnical and Geoenvironmental Characteristics of Man-made Underground Structures in Cappadocia, Turkey', *Engineering Geology*, LXIX/3 (2003), pp. 245–272.

[18] A. Erdem and Y. Erdem, 'Underground Space Use in Ancient Anatolia: The Cappadocia Example', in *Underground Space Use: Analysis of the Past and Lessons for the Future*, ed. Y. Erdem and T. Solak (London, 2005), p. 38.

[19] Stephen Starr, 'How the Ancient Underground City of Cappadocia Became a Fruit Warehouse', *The Guardian*, 30 May 2014, www.guardian.com.

[20] Milton Santos, *La Naturaleza del Espacio* (Barcelona, 2005).

劳工

[1] Lewis Mumford, *Technics and Civilization* [1934] (Chicago, 2010), pp. 77, 69–70.

[2] Paul Dobraszczyk, *Into the Belly of the Beast: Exploring London's Victorian Sewers* (Reading, 2009), pp. 103–105.

[3] See Iain Sinclair, *Hackney, That Rose-red Empire: A Confidential Report* (London, 2010), pp. 404–416.

[4] Eyal Weizman, *Hollow Land: Israel's Architecture of Occupation* (London, 2007; revd edn 2012).

[5] Williamson's life and the history of his tunnels are dramatized in David

Clensy's book *The Mole of Edge Hill* (Liverpool, 2006).

[6] On the history of the tunnels and their role today as a tourist attraction, see the website of the Williamson Tunnels Heritage Centre, www.williamsontunnels.co.uk.

[7] All research materials for this entry, including the quotations, come from the file 'Broad Street Subway' in the *Evening Bulletin* Morgue, Urban Archives, Temple University, Philadelphia.

[8] Alexander von Humboldt, *Memoria Razonada de las Salinas de Zipaquirá. Dispuesta para uso de los Visitantes de las Salinas por Luis Orjuela* (Bogotá, 1888), p. 23.

[9] Manuel Ancízar, *Peregrinación de Alpha: Por las Provincias del Norte de la Nueva Granada en 1850 i 51* (Bogotá, 1853).

[10] Aprecuz Canal, 'Virgen de Guasa (Zipaquirá)', 25 October 2012, www.youtube.com.

[11] M. Singh, A. J. Burchell and K. Nayan, 'Delhi Metro: Tunnels and Stations on the 11km Underground Metro Corridor', in *Tunnels and Underground Structures*, ed. Jian Zhao, J. Nicholas Shirlaw and Rajan Krishnan (Rotterdam, 2000), pp. 169–170.

[12] Matti Siemiatycki, 'Message in a Metro: Building Urban Rail Infrastructure and Image in Delhi, India', *International Journal of Urban and Regional Research*, XXX/2 (2006), pp. 277–292.

[13] The films were *Bewafaa* (2005), *Black and White* (2008), *Dilli 6, Dev. D, Love Aaj Kal* and *Paa* (all 2009). *Times of India*, 28 December 2009, available at www.timesofindia.indiatimes.com.

[14] See 'Benchmarking', at www.cometandnova.org (accessed 18 February 2015).

居所

[1] Gaston Bachelard, *The Poetics of Space* [1958], trans. Maria Jolas (London, 1994), pp. 17–18.

[2] Indeed, early social surveys of marginalized groups often led straight into the underground. See, for example, Henry Mayhew, *London Labour and*

the *London Poor* [1861] (Oxford, 2000).

[3] Rosalind Williams, *Notes on the Underground: An Essay on Technology, Society and the Imagination* (Cambridge, MA, 1990), p. 212.

[4] Peter Seidel, Klaus Klemp and Manfred Sack, *Underworld: Sites of Concealment* (Santa Monica, CA, 1997), p. 132.

[5] Patrick Keaney, 'Colombia's "Dirty War" against Trade Unions', MIT Western Hemisphere Project, 13 February 2002, www.web.mit.edu.

[6] Juan Forero, 'Bogotá Says Army Killed Union Chiefs', *New York Times*, 8 September 2004.

[7] Stan Yarbro, 'The Sewer Kids of Bogota: The Underclass Underground', *Los Angeles Times*, 6 November 1990.

[8] Karen McIver, 'Thousands of Homeless Massacred, Forced to Live in Sewers', Care2 Petitions, 5 December 2002, www.care2.com.

[9] Russel Ward, *The Australian Legend* (Melbourne, 1958).

[10] Philip Butterss, 'From Ned Kelly to Queens in the Desert', in *Social Justice: Politics, Technology and Culture for a Better World*, ed. Susan Magarey (Kent Town, Adelaide, 1998), pp. 65–79.

[11] Robert B. Cervero, *The Transit Metropolis: A Global Inquiry* (Chicago, 1998).

[12] Gary Presland, *The Place for a Village: How Nature Has Shaped the City of Melbourne* (Melbourne, 2009).

[13] See 'Infiltration', www.infiltration.org (accessed 2 January 2016).

[14] This article relies on several decades of reporting in the *Chicago Tribune*.

[15] Jacob Riis, *How the Other Half Lives* (New York, 1890).

[16] Terkel quoted in Cindy Richards and Diane Struzzi, 'Lower Wacker to Shut its Gates on Homeless', *Chicago Tribune*, 22 January 1999, http://articles.chicagotribune.com.

[17] 'Odessa Catacombs', www.katakomby.odessa.ua (accessed 8 January 2015).

[18] 'Odessa Catacombs', www.showcaves.com (accessed 8 January 2015).

[19] Jarrod Tanny, *City of Rogues and Schnorrers: Russia's Jews and the Myth of Old Odessa* (Bloomington, IN, 2011).

[20] David Brandenberger, *National Bolshevism: Stalinist Mass Culture and the*

Formation of Modern Russian National Identity, 1931–1956 (Cambridge, MA, 2002).

废物

[1] David L. Pike, *Subterranean Cities: The World Below Paris and London, 1800–1945* (Ithaca, NY, 2005), p. 13.

[2] Henri Lefebvre, *The Production of Space* [1974] (Oxford, 1991), p. 242.

[3] Stephen Halliday, *The Great Stink of London: Sir Joseph Bazalgette and the Cleansing of the Victorian Metropolis* (Stroud, 1999), p. 107.

[4] See Donald Reid, *Paris Sewers and Sewermen: Representations and Realities* (Cambridge, MA, 1991), pp. 37–52.

[5] R. Raj Singh, *Heidegger, World, and Death* (London, 2012), p. 42.

[6] On the streams and their presence in the system today, see urban explorer Steve Duncan's 'The Forgotten Streams of New York', www.narrative.ly (accessed 19 July 2014); for a map of the system, see 'Sewer Drainage Area Types Map', www.nyc.gov (accessed 19 July 2014).

[7] 'New York City's Wastewater', www.nyc.gov (accessed 19 July 2014); 'History of New York City's Water Supply System', www.nyc.gov (accessed 19 July 2014); and 'Subway FAQ: Facts and Figures', www.nycsubway.org (accessed 19 July 2014).

[8] David Grann, 'City of Water', *New Yorker*, 1 September 2003, p. 88.

[9] *C.H.U.D.* (1984, dir. Douglas Cheek). *Teenage Mutant Ninja Turtles* was created by Kevin Eastman and Peter Laird; the comic ran from 1984 to 2010, the first animated television series was broadcast from 1986 to 1997, and the first three features (live action) were released in 1990, 1991 and 1993. For the Morlocks, see www.uncannyxmen.net (accessed 10 July 2014).

[10] See Thomas Kelly, *Payback* (New York, 1997), p. 64.

[11] Jimmy Breslin, *Table Money* (New York, 1986); Colum McCann, *This Side of Brightness* (New York, 1998).

[12] *Taxi Driver* (1976, dir. Martin Scorsese, screenplay by Paul Schrader); Alan Moore and Dave Gibbons, *Watchmen* (1986–1987).

[13] Edward Bazelgette, dir., 'Sewer King', episode 4 of *The Seven Industrial*

Wonders of the World, BBC2, 2 October 2003.

[14] 'London's Victorian Sewer System', Thames Water, 11 December 2012, www.thameswater.co.uk.

[15] 'Thames Tideway Tunnel', Thames Water, 12 December 2012, www.thameswater.co.uk.

[16] 'Waste Water Treatment Plants: Thames Tideway Tunnel', *National Infrastructure Planning*, 7 July 2014, www.infrastructure.planningportal.gov.uk; Paul Dobraszczyk, *London's Sewers* (Oxford, 2014), pp. 22–23.

[17] Pike, *Subterranean Cities*, p. 216.

[18] The quotation is from John Hollingshead, *Underground London* (London, 1862), p. 2. For Mayhew on mudlarks, toshers and other sewer-men and cleaners, see Henry Mayhew, *London Labour and the London Poor*, 4 vols (London, 1861–1862; New York, 1968), vol. II, pp. 155–158, 383–464.

[19] Hollingshead, *Underground London*, p. 58.

[20] John Vidal, 'Fatberg Ahead! How London was Saved from a 15-tonne Ball of Grease', *The Guardian*, 6 August 2013, www.theguardian.com.

[21] David L. Pike, 'London on Film and Underground', *London Journal*, XXXVIII/3 (2013), pp. 236–241.

[22] An incomplete list of historical fiction and fantasy works includes Clare Clark's *The Great Stink* (2005); Terry Pratchett's alternative *Oliver Twist*, *Dodger* (2012); Anne Rice's *Dark Assassin* (2006); Eleanor Updale's high/low crime series *Montmorency* (2003–2014); K. W. Jeter's steampunk riff on *The Time Machine*, *Morlock Nights* (1979); and the Doctor Who storyline 'The Talons of Weng-Chiang' (26 February–2 April 1977). Present-day sewers figure prominently in, among others, dark fantasies by Neil Gaiman (*Neverwhere*, 1996) and China Miéville (*King Rat*, 1998); the horror films *The Sight* (2000) and *Creep* (2004); the children's comedies *Garfield: A Tail of Two Kitties* (2005) and *Flushed Away* (2006); and Ben Aaronovitch's urban fantasy police procedural (*Whispers Underground*, 2012) and Michael Robotham's psychological thriller *Lost* (2005).

[23] Zahi Hawass, *Valley of the Golden Mummies* (Cairo, 2000), pp. 94–97.

[24] Andrew Kiraly, 'The Yucca Mountain Hangover', KNPR Nevada Public

Radio, 29 July 2014.

[25] As an interesting subterranean aside, of the 928 nuclear tests that took place on the Nevada Test Site, 828 were conducted nderground.

[26] Chris Whipple, 'Can Nuclear Waste be Stored Safely at Yucca Mountain?', *Scientific American*, June 1996, pp. 72–79.

[27] Vincent F. Ialenti, 'Adjudicating Deep Time: Revisiting the United States' High-level Nuclear Waste Repository Project at Yucca Mountain', *Science and Technology Studies*, XXVII/2 (February 2014), pp. 27–48. On Native American land claims and disputes over the site, see D. Endres, 'The Rhetoric of Nuclear Colonialism: Rhetorical Exclusion of American Indian Arguments in the Yucca Mountain Nuclear Waste Citing Decision', *Communication and Critical/Cultural Studies* VI/1 (2014), pp. 39–60.

[28] Douglas Cruickshank, 'How Do You Design a "Keep Out!" Sign to Last 10,000 Years?', *Salon*, 10 May 2014.

记忆

[1] Sigmund Freud, *Civilization and its Discontents* [1930] (London, 2002), p. 9.

[2] Michel Serres, *Conversations on Science, Culture and Time*: *Michel Serres Interviewed by Bruno Latour* (Detroit, 1995), p. 59.

[3] Tim Edensor, 'The Ghosts of Industrial Ruins: Ordering and Disordering Memory in Excessive Space', *Environment and Planning D: Society and Space*, XXIII/6 (2005), pp. 829–849.

[4] James P. O'Donnell, *The Bunker* (Boston, MA, 1978), p. 3.

[5] Samuel Merrill, *Excavating Buried Memories: Mnemonic Production in the Railways under London and Berlin*, PhD thesis, University College London, 2014.

[6] Michael Braun, 'Ein Tragischer Baugrubeneinsturz beim Bau der Berliner Nordsüd-S-Bahn', *Bautechnik*, LXXXV/6 (2008), pp. 407–416.

[7] Karen Meyer, *Die Flutung des Berliner S-Bahn-Tunnels in den Letzten Kriegstagen: Rekonstruktion und Legenden* (Berlin, 1992).

[8] Monica Black, *Death in Berlin: From Weimar to Divided Germany* (New York, 2010).

[9] See Rosalind Williams, *Notes on the Underground* (Cambridge, MA, 2008); David L. Pike, *Subterranean Cities: The World Below Paris and London, 1800–1945* (Ithaca, NY, 2005).

[10] Christian Boros interviewed in *Freunde von Freunden*, video by Christian Fussenegger and Maren Sextro (2011).

[11] According to the timeline presented by Sammlung Boros at www. sammlung-boros.de (accessed 12 November 2014).

[12] On the work of the Survey, see www.nottinghamcavessurvey.org.uk.

[13] See 'About the Nottingham Caves Survey', ibid. (accessed 2 January 2016).

[14] See 'A Walk through the Underworld', ibid. (accessed 2 January 2016).

[15] These objects were collected and published in the art publication *A Box of Things* (2014).

[16] Duncan Sayer, *Ethics and Burial Archaeology* (London, 2000), p. 131.

[17] Julian Jonker and Karen E. Till, 'Mapping and Excavating Spectral Traces in Post-apartheid Cape Town', *Memory Studies*, II/3 (2009), pp. 307, 328.

[18] Klaus Grosinki, *Prenzlauer Berg: Eine Chronik* (Berlin, 1987); and Jens U. Schmidt, *Wassertürme in Berlin. Hauptstadt der Wassertürme* (Cottbus, Germany, 2010).

[19] Wolfgang Benz and Barbara Distel, eds, *Der Ort des Terrors: eschichte der Nationalsozialistischen Konzentrationslager* (Munich, 2005).

鬼魂

[1] Mike Crang and Penny Travlou, 'The City and Topologies of Memory', *Environment and Planning D: Society and Space*, XIX/2 (2001), pp. 161–177.

[2] Steve Pile, *Real Cities: Modernity, Space and the Phantasmagorias of City Life* (London, 2005), p. 150.

[3] Henri Lefebvre, *The Production of Space* [1974] (Oxford, 1991), p. 231.

[4] Italo Calvino, *Invisible Cities* [1972] (London, 1997), pp. 98–99.

[5] Ibid., p. 110.

[6] See www.auldreekietours.com for a list of its tours.

［7］See Jan-Andrew Henderson, *The Town Below the Ground: Edinburgh's Legendary Underground City* (Edinburgh, 1999), pp. 21–28.

［8］Ibid., pp. 35–49.

［9］See 'Edinburgh Vaults', www.haunted-scotland.co.uk (accessed 12 January 2016).

［10］Henderson, *The Town Below the Ground*, p. 123.

［11］On dark tourism, see Richard Sharpley and Philip Stone, *The Darker Side of Travel: The Theory and Practice of Dark Tourism* (Bristol, 2009).

［12］Pile, *Real Cities*, p. 131.

［13］On the London catacombs, see David L. Pike, *Subterranean Cities: The World Beneath Paris and London, 1800–1945* (Ithaca, NY, 2005), pp. 130–144.

［14］One of the most bizarre private lines was the London Necropolis Railway, which carried cadavers between London and the Brookwood Cemetery in Surrey, southwest of the city.

［15］Petr Gibas, 'Uncanny Underground: Absences, Ghosts and the Rhythmed Everyday of the Prague Metro', *Cultural Geographies*, XX/4 (September 2012), pp. 485–500.

［16］J. E. Connor, *London's Disused Underground Stations* (London, 2008), pp. 28–33.

［17］Alain Corbin, *Le Miasme et la Jonquille* (Paris, 1986), p. 226.

［18］BBC News, 'London's Brompton Road Tube Station Sold for £53m', 28 February 2014, www.bbc.co.uk.

［19］I would like to thank Stefka Patchova, Dragomir Gospodinov, Todor Dragolov and my parents, who helped greatly with the research for this text.

［20］All the information about the shelter was provided by the Safety and Crisis Management Department, Prague City Hall, the organization responsible for the city's civil protection.

恐惧

［1］Steven Graham, *Cities under Siege: The New Military Urbanism* (New York and London, 2011).

［2］Paul Virilio, *Bunker Archaeology* [1975] (Princeton, NJ, 2009), p. 38.

[3] Dominic Waghorn, 'US Families Prepare for "Modern Day Apocalypse"', *Sky News*, 23 December 2014.

[4] Marie Cronqvist, 'Survival in the Welfare Cocoon: The Culture of Civil Defense in Cold War Sweden', in *Cold War Cultures: Perspectives on Eastern and Western European* Socities, ed. Annette Vowinckel, Marcus M. Payk and Thomas Lindenberger (New York and Oxford, 2012), pp. 191–212.

[5] See 'Atomic Bomb Defences – Underground City in Stockholm – Mountain Bases', *Manchester Guardian*, 27 March 1953, p. 1.

[6] *Vi Går Under Jorden* (1959), www.youtube.com (accessed 8 August 2014); see 'Swedish Nuclear Defense' (1959), www.euscreen.eu (accessed 8 August 2014).

[7] Marie Cronqvist, 'Utrymning i Folkhemmet: Kalla Kriget, Välfärdsidyllen och den Svenska Civilförsvarskulturen 1961', *Historisk Tidskrift*, CXXVIII/3 (2008), pp. 451–476.

[8] Robert McMillan, 'Deep Inside the James Bond Villain Lair that Actually Exists', 21 November 2012, www.wired.com.

[9] See Mark Poster, *What's the Matter with the Internet?* (Minneapolis, 2001).

[10] Douglas Alger, *The Art of the Data Center: A Look Inside the World's Most Innovative and Compelling Computing Environments* (Boston, MA, 2012).

[11] 'The World Beneath the City', *Global Times*, 24 September 2012, www.globaltimes.cn.

[12] Michelle Lhooq, 'How a Bomb Shelter Became Shanghai's Grittiest Nightclub', *Thump*, 23 September 2013, www.thump.vice.com.

[13] John McPhee, *La Place de la Concorde Suisse* (New York, 1983), p. 21.

[14] Jean-Jacques Rapin, *L'Esprit des Fortifications. Vauban – Dufour –Les Forts de Saint-Maurice* (Lausanne, 2003), p. 89.

[15] Imogen Foulkes, 'Swiss Still Braced for Nuclear War', BBC News, 10 February 2007, www.news.bbc.co.uk. On individual shelters, see Richard Ross, *Waiting for the End of the World* (Princeton, NJ, 2004).

[16] Elaine Scarry, *Thinking in an Emergency* (New York, 2010).

[17] On the use of the London Underground as a shelter during the econd World

War, see David L. Pike, *Subterranean Cities: The World Beneath Paris and London*, 1800–1945 (Ithaca, NY, 2005), pp. 173–189; and Richard Trench and Ellis Hillman, *London Under London: A Subterranean Guide* (London, 1993), pp. 11–21.

[18] See the website of the Cabinet War Rooms, www.iwm.org.uk.

[19] On the history of Paddock, see Nick Catford and Ken Valentine, 'SiteName: Paddock (Alternative Cabinet War Room)', *Subterranea Britannica*, www. subbrit.org.uk (accessed 4 August 2015).

[20] Beyond agreement that the numbers are very large, there is no consensus on exact figures. I cite these numbers from Fabrizio Gallanti, Elina Stefa and Gyler Mydyti, 'Concrete Mushrooms: Transformations of the Bunkers in Albania', *Abitare 502* (2010), p. 118.

[21] Bill Fink, 'NOT SUCH A JOKE/Accidentally Enjoying Albania/ Experience the Passion, the Courage and the Brutality of a Newly Democratic Nation', *San Francisco Gate*, 1 October 2006, www.sfgate. com.

[22] Ismail Kadaré, *The Pyramid* (New York, 1996), p. 160.

[23] Elina Stefa and Gyler Mydyti, *Concrete Mushrooms: Reusing Albania's 750,000 Abandoned Bunkers* (Barcelona, 2013). See also the project's Facebook page at www.facebook.com/concretemushrooms.

[24] A general history of the development of mass transportation in Tokyo can be found in Alisa Freedman, *Tokyo in Transit: Japanese Culture on the Rails and Road* (Stanford, CA, 2011). On the subway in particular, see Sato Nobuyuki, *Chikatetsu no Rekishi* (Tokyo, 2004).

[25] I discuss the difference between the underground and the street–notions of surface and depth – in Mark Pendleton, 'Subway to Street: Spaces of Traumatic Memory, Counter-memory and Recovery in Post-Aum Tokyo', *Japanese Studies,* XXXI/3 (2011), pp. 359–371.

[26] Haruki Murakami, *Underground: The Tokyo Gas Attack and the Japanese Psyche*, trans. Alfred Birnbaum and Philip Gabriel (London, 2000), p. 206.

安防

[1] Stuart Elden, 'Secure the Volume: Vertical Geopolitics and the Depth of

Power', *Political Geography*, XXXIV/6 (2013), p. 35.

[2] Ryan Bishop, 'Project "Transparent Earth" and the Autoscopy of Aerial Targeting: The Visual Geopolitics of the Underground', *Theory, Culture and Society*, XXVIII/7–8 (2011), p. 279.

[3] David L. Pike, *Subterranean Cities: The World Below Paris and London, 1800–1945* (Ithaca, NY, 2005), p. 16.

[4] John Beck, 'Concrete Ambivalence: Inside the Bunker Complex', *Cultural Politics*, VII/1 (2001), p. 94.

[5] Simon Guy, 'Shadow Architectures: War, Memories, and Berlin's Futures', in *Cities, War, and Terrorism: Towards an Urban Geopolitics*, ed. Stephen Graham (Oxford, 2004), pp. 75–92. John Lennon and Malcolm Foley, *Dark Tourism: The Attraction of Death and Disaster* (London, 2000).

[6] Most notable here have been the three series of the History Channel's *Cities of the Underworld* (2007–2009).

[7] Cited in Andrew Webb, 'Roswell Missile Silo Reborn as Data Storage Center', *Albuquerque Business First*, 30 March 2003.

[8] See Ian Daly, 'Nuclear Bunker Houses World's Toughest Server Farm', *Wired*, 5 October 2010; and Simson Garfinkel, 'Welcome to Sealand. Now Bugger Off', *Wired*, July 2010.

[9] Don DeLillo, *Underworld* (London, 1997), p. 248, cited in Beck, 'Concrete Ambivalence', p. 95.

[10] Bryan Finoki, 'Tunnelling Borders', *Open Democracy*, www.pendemocracy.net, 26 November 2013.

[11] Bryan Finoki, 'Subterranean Urbanism', www.subtopia.blogspot.co.uk, 2 April 2006.

[12] The term 'security theatre' comes from Finoki, 'Tunnelling Borders'.

[13] Neilsen's crimes were portrayed in Ian Merrick's film *The Black Panther* (1977).

[14] See www.oxfordcastleunlocked.co.uk.

[15] See the transcript of Bush's Speech on Immigration, *New York Times*, 15 May 2006, www.nytimes.com.

[16] See www.americanborderpatrol.com.

[17] See 'Walls of Shame – US/Mexico', *Al Jazeera English*, 5 November 2007.

［18］Slavoj Žižek, 'Rolling in Underground Tunnels', *Mondoweiss: The War of Ideas in the Middle East*, 24 August 2014, www.mondoweiss.net.

［19］Stephen Graham, *Cities Under Siege: The New Military Urbanism* (London, 2011), p. 171.

［20］Eyal Weizman, *Hollow Land: Israel's Architecture of Occupation* (London, 2007).

［21］Ibid., p. 257.

［22］Doug Suisman, Steven Simon, Glenn Robinson, C. Ross Anthony and Michael Schoenbaum, *The Arc: A Formal Structure for a Palestinian State* (Santa Monica, CA, 2005), p. 33.

［23］Weizman, *Hollow Land*.

［24］China Miéville, *The City and the City* (Basingstoke, 2009).

反抗

［1］Gavin Bridge, 'Territory, Now in 3D!', *Political Geography*, XXXIV/6 (May 2013), p. 55.

［2］Alastair Bonnett, *Off the Map: Lost Spaces, Invisible Cities, Forgotten Islands, Feral Places, and What they Tell us about the World* (London, 2014), p. 171.

［3］Iain Sinclair, 'Into the Underworld', *London Review of Books*, XXXVII/2 (2015), pp. 7–12.

［4］Channapha Khamvongsa and Elaine Russell, 'Legacies of War', *Critical Asian Studies*, XLI/2 (2009), pp. 281–306.

［5］Colin Long, 'Heritage as a Resource for Pro-poor Tourism: The Case of Vieng Xay, Laos', in *World Heritage and Sustainable Development: Proceedings of Heritage 2008 International Conference*, ed. Regerio Amoeda, Sergio Lira, Cristina Pinheiro and João Pinheiro (Vila Nova de Foz Coa, Portugal, 2008), pp. 227–236.

［6］Oliver Tappe, 'Memory, Tourism, and Development: Changing Sociocultural Configurations and Upland-Lowland Relations in Houaphan Province, Lao PDR', *Journal of Social Issues in Southeast Asia*, XXVI/2 (2011), pp. 174–195.

［7］Oliver Tappe, 'From Revolutionary Heroism to Cultural Heritage:

Museums, Memory and Representation in Laos', *Nations and Nationalism*, XVII/3 (2011), pp. 604–626; Rosalind Williams, *Notes on the Underground: An Essay on Technology, Society and the Imagination* (Cambridge, MA, 1990).

[8] In 2009 the author participated in a field school in Viengxay organized by Deakin University. See also www.visit-viengxay.com (accessed 13 August 2014).

[9] Unexploded ordnance is a particular problem at the Plain of Jars heritage site in Xieng Khouang and is a general issue for the country as a whole. See Gabriel Moshenska, 'Charred Churches or Iron Harvests?: Counter-monumentality and the Commemoration of the London Blitz', *Journal of Social Archaeology*, X/1 (2010), pp. 5–27.

[10] Tappe, 'Memory, Tourism, and Development'.

[11] Wantanee Suntikul, Thomas Bauer and Haiyan Song, 'Towards Tourism: A Laotian Perspective', *International Journal of Tourism Research*, XII/5 (2010), pp. 449–461.

[12] Cai Guo-Qiang, *Bunker Museum of Contemporary Art, Kinmen Island: A Permanent Sanctuary for Art in a Demilitarized Zone* (Taiwan, 2006).

[13] For a history of the Prague metro, see Evzˇen Kyllar, *Praha a Metro* (Prague, 2004).

[14] 'The Diggers', 2007, www.spirit-of-moscow.com.

[15] On the Tartars, see John F. Richards, *The Unending Frontier: An Environmental History of the Early Modern World* (Los Angeles, 2006). On the Battle of Klushino, see Tomasz Bohun, *Moskwa w Rekach Polaków. Pamietniki Dowódców i Oficerów Garnizonu w Moskwie* (Moscow, 2005).

[16] 'The Diggers'.

[17] Tamara Eidelman, 'Vladimir Gilyarovsky', *Russian Life*, XLVIII/5 (2005).

[18] All quotations in this essay are derived from Caroline Bacle's film *Lost Rivers* (2015). Available at www.vimeo.com.

表现

[1] Henri Lefebvre, *The Production of Space* [1974] (Oxford, 1991), p. 93.

［2］ Rosalind Williams, *Notes on the Underground: An Essay on Technology, Society and the Imagination* (Cambridge, MA, 1990), pp. 83–97.

［3］ A key text on *Roden Crater* is Craig Adcock, *James Turrell: The Art of Light and Space* (Los Angeles, 1990).

［4］ Quoted ibid., p. 158.

［5］ Many of these are reproduced in *The Art of Light and Space*, together with Adcock's own reconstructed imaginary, which has guided this text. See also more recent images available in Michael Govan, Christine Y. Kim et al., *James Turrell: A Retrospective* (New York, 2013).

［6］ For a complete list of these shelters, see Keith Warrender, *Below Manchester: Going Deeper under the City* (Timperley, Manchester, 2009), pp. 60–131.

［7］ See 'Underground Manchester', www.newmanchesterwalks.com (accessed 12 January 2016).

［8］ Keith Warrender, *Underground Manchester* (Timperley, Manchester, 2007), p. 26.

［9］ On the Chislehurst Caves, see Eric R. Inman, *Chislehurst Caves: A Short History* (London, 1996).

［10］ *El Mundo*, 2 October 1928, p. 7.

［11］ J. Víctor Tommey, 'En el subterráneo', *PBT*, 13 December 1913, n.p

［12］ Wendy Lesser, *The Life Below Ground: A Study of the Subterranean in Literature* (Boston, MA, 1987), p. 25.

［13］ David L. Pike, *Subterranean Cities: The World Beneath Paris and London, 1800–1945* (Ithaca, NY, 2005), p. 288.

［14］ See '3.Manntour', www.drittemanntour.at.

［15］ Further information on LACMA and *Levitated Mass* can be found at 'Levitated Mass', www.lacma.org (accessed 20 August 2014).

［16］ Mark C. Taylor and Michael Heizer, *Double Negative: Sculpture in the Land* (New York, 1997).

［17］ Details of the film can be found at www.levitatedmassthefilm.com (accessed 20 August 2014).

［18］ Charles Baudelaire, *Les Fleurs du mal* (Paris, 1857).

［19］ Matthew Gandy, 'The Paris Sewers and the Rationalization of Urban Space', *Transactions of the Institute of British Geographers*, XXIV/1 (April

1999), pp. 23–44.

[20] Félix Nadar, *Le Paris Souterrain de Félix Nadar: Des os et des eaux* [1861] (Paris, 1982).

[21] Victor Hugo, *Les Misérables* [1862] (Paris, 1962), p. 55.

[22] Adam Clarke Estes, 'Paris Unclogs its Sewers with Giant Balls of Iron', *Gizmodo*, 22 September 2014, www.factually.gizmodo.com.

曝光

[1] John Hollingshead, *Underground London* (London, 1862), p. 2.

[2] Bradley L. Garrett, *Explore Everything: Place-hacking the City* (London, 2013), pp. 114–116, 126.

[3] The phrase is from Kristian H. Nielsen, Henry Nielsen and Janet Martin-Nielsen, 'City Under the Ice: The Closed World of Camp Century in Cold War Culture', *Science as Culture*, XXIII/4 (2014), pp. 443–464.

[4] David L. Pike, '*Paris Souterrain*: Before and After the Revolution', *Dix-Neuf*, XV/2 (2011), pp. 183–185, 181.

[5] David L. Pike, *Subterranean Cities: The World Beneath Paris and London, 1800–1945* (Ithaca, NY, 2005), p. 117.

[6] For more on these novels and other related fiction, see ibid., pp. 104–105, 119–123.

[7] Ibid., p. 175.

[8] Sean Michaels, 'Unlocking the Mystery of Paris's Most Secret Underground Society', *Gizmodo*, 21 April 2011, www.gizmodo.com. See also Jon Henley, 'In a Secret Paris Cavern, the Real Underground Cinema', *The Guardian*, 8 September 2004, www.theguardian.com; John Lackman, 'The New French Hacker-Artist Underground', *Wired*, 20 January 2012, www.wired.com; and Alex Billington, 'This is Awesome: Photos of the Secret Cinema Club Underneath Paris', *FirstShowing.Net*, 14 July 2013, www.firstshowing.net.

[9] Duncan Campbell, *War Plan UK: The Truth about Civil Defence in Britain* (London, 1982).

[10] Nick McCamley, *Secret Underground Cities* (Barnsley, 2000).

[11] Elizabeth Leane, *Antarctica in Fiction: Imaginative Narratives of the Far*

South (Cambridge, 2013)；and Robert McGhee, *The Last Imaginary Place：A Human History of the Arctic World* (Chicago, 2013).

［12］Nielsen et al.,‘City under the Ice’.

［13］Martin Siegert,‘Antarctic Subglacial Lakes’, *Earth-Science Reviews*, L (2000), pp. 29–50.

［14］Henry Pollack, *A World Without Ice* (New York, 2010).

［15］Speidel also published his own history of the city's subterranean space：*Seattle Underground* (Seattle, 1968).

［16］See‘Bill Speidel's Underground Tour’, www.undergroundtour.com.

［17］Roland Barthes,‘Semiology and the Urban’(1967), in *Rethinking Architecture：A Reader in Cultural Theory*, ed. Neal Leach (London and New York, 1997), p. 171.

边缘

［1］Jane M. Jacobs, *Edge of Empire：Post-colonialism and the City* (London, 1996).

［2］Italo Calvino, *Invisible Cities* [1972] (London, 1997), pp. 86–87.

［3］‘St-Petersburg Metro’, www.metro.spb.ru (accessed 30 August 2014).

［4］See the history of the Bratislava metro at the official webpages of Bratislava's municipal government：www.bratislava.sk (accessed 30 August 2014；in Slovak).

［5］‘Rýchlodráha v Bratislave’[Rapid Transit System in Bratislava], Kinožurnál [CineNews] documentary 44 (1989).

［6］Jennifer Toth, *The Mole People：Life in the Tunnels Beneath New York City* (Chicago, 1993).

［7］On the Cape Town tunnels, see Ross Parry-Davies,‘Tunnels of Table Mountain：The Mother City's Water Tunnels’, in *Tunnelling in Southern Africa*, ed. Anthony Boniface and Norman Schmidt (Cape Town, 2000), pp. 37–40.

［8］Reif Larsen, *The Selected Works of T. S. Spivet* (London, 2010), p. 374.

未来

［1］Reinhart Koselleck, *Futures Past：On the Semantics of Historical Time*

[1979], trans. and with an introduction by Keith Tribe (New York, 2004).

[2] 'Pyongyang Metro Guidebook', 1994, www.pyongyang-metro.com.

[3] 'Underground Backup Command Center Under Taesong', www.nkeconwatch. com, 21 July 2006.

[4] 'Kim Jong Il's Russian Trip Sends Message to US', www.voanews.com, 8 August 2001.

[5] Although CERN is not a commercial organization, it draws on funding from all its European member states and non-European observer states. Having invented the Internet, the W, Z and Higgs bosons, CERN has acquired both financial and cultural capital in the form of Nobel prizes (and prize money), celebrity and royal visits, popular cultural reference, artist interest and massive media coverage. It employs thousands of scientists around the world, and receives funding from hundreds of universities and states.

[6] Sharon Trewaak, *Beamtimes and Lifetimes: The World of High-energy Physics* (Boston, MA, 1992).

[7] I have not been able to find out if there is a plan for this at CERN, other than building and changing machines.

[8] Kerry McQueeney, 'Breaking Down the Barriers: Woman, 28, Becomes First Female Train Driver in the Whole of the Middle East', *Mail Online*, 30 January 2012, www.dailymail.co.uk.

[9] 'Dubai Ruler's Trial Run', *Railway Gazette,* 1 November 2008, www. railwaygazette.com.

[10] Mike Davis, 'Fear and Money in Dubai', *New Left Review*, 41 (September– October 2006), www.newleftreview.org.

[11] Ibn Battûta, V*oyages I. De l' Afrique du Nord à La Mecque*, trans. C. Defremery and B. R. Sanguinetti [1858] (Paris, 1982), p. 4.

[12] Zachary Schrag, *The Great Society Subway: A History of the Washington Metro* (Baltimore, MD, 2006), p. 65. The present article draws mostly on personal experience and on Schrag's fine history of Washington's metro.

[13] Lyndon Johnson, 'The Great Society', 22 May 1964, www.pbs.org.

[14] Bulgarian State Archive, St Kolev, Agrarian-Industrial Complex 'Sredets' letter to Metropolitan Directorate of the City eople's Council, 14 November 1975.

［15］'Emergency Pre-election Spending Begins', *Capital,* 7 March 1998, www. capital.bg.

［16］Author's interviews with Sofia commuters, conducted 2012–2014.

［17］See www.longnow.org (accessed 5 November 2014).

［18］'"Doomsday" Vault Opens its Doors', BBC News, 26 February 2008, www. news.bbc.co.uk；Tom Clarke, 'Arctic Seeds of Future Renewal', Channel 4 News, 31 August 2007, www.channel4.com.

［19］'Doomsday Vault Tunnelled into Arctic Mountain to Protect World's Seeds', *Associated Press*, 25 February 2008, available at www. rainforestportal.org.

［20］See Paul Baran, 'On Distributed Communications: I. Introduction to Distributed Communications Networks', Memorandum RM-3420-PR, The Rand Corporation, August 1964, p. 2, available at www.rand.org.

［21］F. William Engdahl, '"Doomsday Seed Vault" in the Arctic', *Global Research*, 4 December 2007, www.globalresearch.ca.

译后记

    人们对地底世界的无穷想象，或许大多数来自于黑暗的下水道、孤零零的堡垒、废弃的防空洞，或是不经意路过的地下隧道，地底也常是人们头脑中鬼魂出没、恐怖故事发生的场所，因此，地下空间往往给人以诡异、神秘、深不可测的感受。然而，现实中的地底世界距离我们并不遥远。

    2011年我在英国诺丁汉大学做访问学者的时候，也常搭乘伦敦的地铁穿梭于城市各处。伦敦地铁中人们大多行色匆匆，或争先恐后地等待着车厢门的开启，或排着队依序赶往四面八方，人来人往的地底正是地面繁华都市生活的投射与缩影。我也曾流连于爱丁堡街头，领略那里高密度的城市景观以及多样化的地下空间；或是去参访曼彻斯特后工业化进程中的都市遗存。那些维多利亚式的砖石建筑、拱桥和涵洞，总是涌动着一种摄人心魄的力量。期间我还去往欧洲的城市参访，体会了柏林高效便利的城铁、巴黎四通八达的地铁以及布拉格层层下降的地铁空间，考察了欧洲古老城市中的地下博物馆、剧院，品味了神秘的地下餐馆和酒吧。

    我在大学里从事城市历史建筑遗存保护与更新的相关研究，直到去年因机缘巧合，当年旅行和考察的这段经历，激起了我翻译《地底的世界 探索隐秘的城市》一书的浓厚兴趣，并促成我最终完成了全书艰辛的翻译工作。借由这本书的翻译，我终于得以一览神秘的地底世界，也更为深入而全面地了解、认知了世界城市的地底。

    人类天生的好奇心致使我们从古至今都未停止对地底世界的探寻。古时候人类因战争、墓葬、公共卫生等原因，开始挖掘防御性隧道、公共下水道、丧葬场地，从罗马的马克西姆下水道、西安辉煌的地底墓葬设施，到马斯特里赫特的迷宫隧道，地底空间起源于此。而工业技术的进步促使人类开始大规模地开挖地下空间，采矿、挖掘宝石、流通等诸多地底活动，造就了地底的居住、生产、生活与交通空间，也使得地底充满了无名劳工的血泪史。伴随着对现代战争的恐惧，人类还不断利用地底作为隐秘的防御性空间，躲避对战争与核袭击的恐惧。到了后工业化时代，都市地下空间遗存化身为新的城市公共空间，作为地下旅游景点、地下博物馆、魅力酒吧、餐馆等文化和商业空间，担负起现代都市新的职能，也向人们诠释着城市可持续发展的历程。人类对未来世界的展望也与地下空间的发展息息相关。中国香港云端数据中心、欧洲核子研究中心都体现了人类对自身未来命运的深远思考，而建在挪威北极圈内的全球种子库，则意味着地底的世界很有可能成为时空尽头人类最后的"诺亚方舟"。

地底世界的发展史向我们展现了一幅气势恢宏的壮美图景，然而它所要记载、传递的信息和文化，却很难用文字述说，因为地下不仅只是奇幻、魅惑的故事集合，同时也承载着一座城市层层叠叠的物质记忆，代表当代都市的意义集合。地底的世界将"城市、地上空间、土壤和领域联结起来，成为孕育与死亡之地、开始与终结之地、出生与埋葬之地"。黑暗、封闭、静谧的地底也意味着那里是安全之地、庇佑之地以及逃离地面压抑生活的喘息之地。

地底的世界意味着隔绝、防御与反抗。孩子们在波哥大的下水道中躲避警察的搜捕，无家可归的流浪汉将这里作为安身的居所，形形色色的人甚至异世界的外来客，逃离了地面世界的纷争藏身于此，阴冷、黑暗的地底俨然成了末日的避难所。地底的世界也意味着连接与映射。错综复杂的地底成为地表与地下、事件与物质的联结之处，古往今来人类的流通、生产、劳作等活动从未在此间断；随着时间的流逝，地底述说着亲密、围合、共享与居住，也反映着一座城市的过去、今天与未来。地底的世界还充满奇异、魅惑的特质。"鬼魂"在这里出没和游荡，堆积的垃圾、废物、尸骨散发着腐败没落的气息，神秘的墓葬空间、教堂却寄托着人们对逝者的哀思。地底散发的独特气质，千百年来吸引了无数冒险家、探险者舍身闯入我们脚下的世界。

当代人类在争夺地面、空中垂直领域的同时，地缘政治争端也不断在地底激烈发生。与此同时，因地底而产生、曝光的哲学、文学和艺术表现，也令我们叹为观止。尽管如此，在一个又一个我们所熟知的城市中，那里的地下空间却常常被遗忘、被忽视，而人类未知的命运或许就潜藏在这谜一般的世界中。现在，是时候引领读者跟随本书去一探这熟悉而又陌生的地底世界了！

在本书一年半的翻译过程中，我和同事谢菲查阅了大量文献资料，希望遵循原书多维的视角，将地底空间的多重氛围、多元解读尽可能准确地还原并传递给读者，同时也希望较为生动地讲述本书所要表达的地底故事集合。在全书译稿完成之时，首先要感谢本书责任编辑提出的修改意见，还要感谢谢菲老师参与的部分翻译和校对工作。由于时间仓促，译文难免有不当之处，在此恳请读者的包容，并衷心期待读者的批评与指正。

罗　芠

2018 年 8 月于岳麓山下